Informationstechnik
und
Datenverarbeitung

E. E. E. Hoefer   H. Nielinger

SPICE

Analyseprogramm für elektronische Schaltungen
Benutzerhandbuch mit Beispielen

Mit 162 Abbildungen und 36 Tabellen

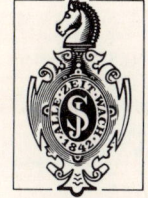

Springer-Verlag
Berlin Heidelberg New York Tokyo

Prof. Dr. Ing. Ernst E. E. Hoefer
Am Bodenwald 3, 7743 Furtwangen

Prof. Dr. Ing. Horst Nielinger
Ganterhofstraße 4, 7743 Furtwangen

ISBN 3-540-15160-5 Springer-Verlag Berlin Heidelberg New York Tokyo
ISBN 0-387-15160-5 Springer-Verlag New York Heidelberg Berlin Tokyo

CIP-Kurztitelaufnahme der Deutschen Bibliothek
Hoefer, Ernst E. E.: SPICE: Analyseprogramm für elektron. Schaltungen; Benutzer-
handbuch mit Beispielen / E. E. E. Hoefer; H. Nielinger. – Berlin; Heidelberg; New York;
Tokyo: Springer, 1985. (Informationstechnik und Datenverarbeitung)
ISBN 3-540-15160-5 (Berlin, Heidelberg, New York, Tokyo)
ISBN 0-387-15160-5 (New York, Heidelberg, Berlin, Tokyo)
NE: Nielinger, Horst:

Druck und Bindearbeiten: Weihert-Druck GmbH, Darmstadt
2145/3140-54321

Vorwort

Schon seit 1971 werden an der Fachhochschule Furtwangen Simulationsprogramme für elektronische Schaltungen in der Ingenieurausbildung eingesetzt /0.1/. 1973 wurde uns von einem ehemaligen Absolventen, der damals in Berkeley, USA studierte, das Programm SPICE 1 (Simulation Program with Integrated Circuit Emphasis) übermittelt und im gleichen Jahr im Rahmen einer Diplomarbeit auf dem Rechner DEC 1020 implementiert. In den folgenden Jahren wurden viele Erfahrungen mit dem Programm gesammelt, einmal durch die Installierung eines regelmäßigen Batch-Betriebs für studentische Übungen mit SPICE /0.2/, zum anderen durch das Einbringen des Programms in das Forschungsprojekt "Computer-unterstützter Unterricht" (CUU), das vom Bundesministerium für Forschung und Technologie gefördert wurde. Schon damals entstand eine Anleitung für das Programm SPICE in deutscher Sprache mit Programmbeispielen /0.3/, die von den Studenten dankbar angenommen wurde, da das knappe englische Manual den Einstieg in das Programm nicht gerade leicht machte.

Heute läuft SPICE (Version 2G.6) auf unserem Rechner VAX 11/780 im Dialogbetrieb. In verschiedenen Vorlesungen wird das Programm als "simuliertes Labor" eingesetzt und bei Diplomarbeiten intensiv genutzt. Nach wie vor ist aber die Anleitung für die Benutzung des Programms in englischer Sprache didaktisch unbefriedigend. Da die oben erwähnte Anleitung in deutscher Sprache inzwischen veraltet ist und sich das Programm SPICE an den Ausbildungsstätten und in der Industrie immer mehr durchgesetzt hat, haben wir uns entschlossen, eine Programmieranleitung für SPICE in deutscher Sprache mit vielen Beispielen als Buch zu veröffentlichen. Wir hoffen, vielen Anwendern von SPICE damit eine Hilfe zu geben und vor allen Dingen Ingenieuren und insbesondere Lehrern in der Ingenieurausbildung, die bisher noch nicht die Analyse elektronischer Schaltungen mit Hilfe eines Computers betrieben haben, den Einstieg in diese faszinierende Welt zu erleichtern.

Das vorliegende Buch gliedert sich in eine Benutzeranleitung (Kap. 1 bis 6) und Anwendungsbeispiele (Kap. 7). Dem eiligen Anfänger sei empfohlen, sich zunächst in die Kap. 1.4, 2.1, 2.2 und 2.4 sowie Kap. 3.1 und 3.2 einzuarbeiten. Der fortgeschrittene Leser wird sich besonders mit den Kap. 1.2, 1.3, 4, 6 und 7 beschäftigen.

Herrn Professor Donald O. Pederson, University of California, Berkeley danken wir für die Genehmigung, dieses Buch über sein so erfolgreiches

Programm zu schreiben.   Wir danken dem Rechenzentrum der Fachhochschule
Furtwangen,   insbesondere Herrn Dipl.-Ing. H. Grund für jahrelange kooperati-
ve und wohlwollende Behandlung der SPICE-Benutzer und die engagierte Pflege
des Progamms.   Ferner danken wir dem Technischen Beratungsdienst der Fachhochschule Furtwangen für die Möglichkeit, das Manuskript des Buchs mit
Hilfe eines Textverarbeitungssystems zu erstellen.   Dem Springer-Verlag
danken wir für die Erstellung der Zeichnungen und die sorgfältige Herstellung
des Buchs.

Furtwangen, im Januar 1985   E.E.E. Hoefer

                                                  H. Nielinger

Inhaltsverzeichnis

1 Einführung

SPICE ist ein universelles Simulationsprogramm zur Analyse elektronischer Schaltungen. Es können nichtlineare Gleichstrom-, nichtlineare Einschwing- und lineare Kleinsignal-Wechselstrom-Analysen bei verschiedenen Temperaturen durchgeführt werden. Neben den passiven Schaltelementen und den unabhängigen und den gesteuerten Quellen können sieben verschiedene Halbleitermodelle simuliert werden.

1.1 Geschichte

Die Entwicklung elektronischer Schaltungen erfordert notwendig eine experimentelle Nachprüfung der gewünschten Eigenschaften, denn im allgemeinen geht man beim ersten Entwurf einer Schaltung von vereinfachten Modellen der Bauelemente aus und muß deshalb überprüfen, ob diese Vereinfachungen zulässig waren. Solange man es mit wenigen Bauelementen zu tun hatte, war schnell eine Versuchsschaltung zusammengelötet und diese meßtechnisch überprüft bzw. korrigiert. Bei integrierten Schaltungen ist diese Vorgehensweise nicht mehr möglich, da ein Zusammenlöten der Schaltung aus konzentrierten Bauelementen (einzelne Transistoren und Widerstände) völlig andere Verhältnisse schafft: die parasitären Elemente (Streukapazitäten, Leitungen) haben im experimentellen Aufbau ein ganz anderes Gewicht als in der miniaturisierten Ausführung. Deshalb spielt die Simulation elektronischer Schaltungen mit dem Aufkommen der integrierten Schaltungstechnik eine immer wichtigere Rolle. Die Bauelemente werden durch mathematische Modelle beschrieben, numerische Methoden ersetzen typische Messungen wie Bestimmung des Zeitverhaltens oder des Frequenzgangs. Darüberhinaus kann ein Simulationsprogramm Informationen liefern, die früher nur sehr schwer an einer Versuchsschaltung zu ermitteln waren, z.B. wie empfindlich eine gewünschte Ausgangsgröße auf Änderungen einzelner Bauelemente reagiert (Sensitivity-Analyse).

Es gibt viele unterschiedliche Methoden, elektronische Netzwerke zu simulieren, deshalb gibt es auch eine Fülle unterschiedlicher Simulationsprogramme. Ein Arbeitskreis der NTG, dem auch ein Autor dieses Buchs angehörte, hat in den Jahren 1972/73 versucht, unterschiedliche Simulationsprogramme für elektronische Schaltungen zu vergleichen und zu werten /1.1/. Heute wird eigentlich nur noch SPICE zitiert. Drei Gründe sind dafür maßgebend:

- Die Benutzerfreundlichkeit von SPICE.

Die Eingabesprache ist denkbar einfach und der Sprache des Elektronik-Ingenieurs angepaßt. Das Programm wählt automatisch vernünftige Ersatzparameter für Halbleiterbauelemente, wenn vom Benutzer keine Spezifikation vorliegt. Eine sehr sorgfältige Fehlerprüfung verhindert weitgehend unnötige Rechenzeit für fehlerhafte Analysen.

- Die seriöse wissenschaftliche Arbeit, die die Schöpfer dieses Programms geleistet haben.

Hier ist neben Prof. Pederson /1.2/ insbesondere Prof. Nagel von der University of California, Berkeley zu nennen, der in seiner Dissertation /1.3/ die unterschiedlichsten Methoden für die Aufstellung der Matrizen, die Behandlung von Nichtlinearitäten und die numerische Integration untersucht und jeweils die günstigste Methode ausgewählt hat.

- Die großzügige Verteilung von SPICE.

Jeder Interessent konnte in der Vergangenheit das Programm praktisch kostenlos beziehen.

SPICE 1 wurde im Mai 1972 von der University of California, Berkeley freigegeben und wurde danach nicht nur von Studenten, sondern auch bei den Halbleiterherstellern sehr intensiv genutzt. Nach 17 neuen Versionen wurde 1975 SPICE 2 herausgegeben, durch die dynamische Speicherplatzverwaltung und die automatische Zeitschrittwahl ein wesentlich leistungsfähigeres Programm als sein Vorgänger. Inzwischen sind auch schon weit über 20 Neuausgaben erfolgt, ein Zeichen für die starke Nutzung des Programms und die Einarbeitung der diversen Erfordernisse der Benutzer. Neuerdings gibt es sogar eine SPICE-Version für einen Personal-Computer /1.4/. Wir sind davon überzeugt, daß dadurch der Anwenderkreis ganz erheblich erweitert werden wird und sich das Programm noch mehr durchsetzt als bisher.

1.2 Mathematische Methoden in SPICE

Eine ausführliche Darstellung der in dem Programm verwendeten Methoden ist in /1.3/ gegeben.   Es würde den Rahmen dieses Buchs bei weitem sprengen,   die verschiedenen Algorithmen hier im Detail zu erläutern.   Um dem Leser jedoch eine Vorstellung von der grundsätzlichen Arbeitsweise des Programms zu geben, wurde folgender Weg gewählt: Die hier verwendeten Grundprinzipien werden an Hand des ausgezeichneten Buchs von Calahan /1.5/ deutlich gemacht und auf die in SPICE vorgenommenen Modifizierungen und Besonderheiten hingewiesen.

Aufstellen des Gleichungssystems

Die Aufstellung des Gleichungssystems erfolgt in SPICE nach der Knoten-analyse.   Eine sehr einfache Regel gilt dabei für den Aufbau der (bei der AC-Analyse komplexen) Leitwertmatrix:

-Ein Element auf der Hauptdiagonalen a_{ii} errechnet sich aus der Summe der am Knoten i angeschlossenen Leitwerte.

-Alle anderen Elemente a_{ij} sind jeweils gleich dem negativen Leitwert zwischen den Knoten i und j.

Ein einfaches Beispiel soll die Aufstellung der Leitwertmatrix verdeutlichen. Gegeben sei das in Bild 1.2.1 gezeigte Netzwerk.   Gesucht seien die Knoten-spannungen x_1, x_2, x_3, die bei diesem einfachen Problem leicht elementar zu bestimmen sind (x_1 = 1/2 V, x_2 = 1/4 V, x_3 = 1/4 V).   Die oben angeführten Regeln ergeben folgendes Geichungssystem:

$$\begin{bmatrix} 3 & -1 & -1 \\ -1 & 2 & 0 \\ -1 & 0 & 2 \end{bmatrix} \cdot \begin{bmatrix} x_1 \\ x_2 \\ x_3 \end{bmatrix} = \begin{bmatrix} 1 \\ 0 \\ 0 \end{bmatrix}$$

$$\underline{A} \qquad \cdot \underline{x} \quad = \quad \underline{b}$$

(Leitwertmatrix · Spannungsvektor = Stromvektor)

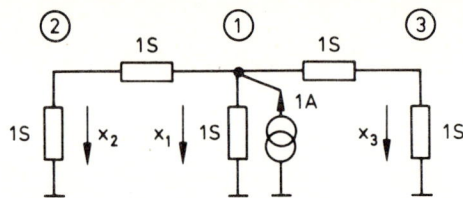

Bild 1.2.1 : Beispiel eines Netzwerks zur Aufstellung der Leitwertmatrix und
            zur LU-Faktorisierung

Diese einfache Methode gilt nur, wenn alle Quellen Stromquellen sind. Da
in der Praxis wesentlich häufiger Spannungsquellen verwendet werden als
Stromquellen, wird in SPICE eine modifizierte Knotenanalyse verwendet. Die
rechte Seite des Gleichungssystems besteht dabei aus einem Vektor, der die
gegebenen Ströme und Spannungen der Quellen enthält, der unbekannte Vektor
enthält dann die Knotenspannungen und die Ströme durch die gegebenen
Spannungsquellen. Die modifizierte Knotenanalyse hat sich als einfachste
und effektivste Methode zur Aufstellung des Gleichungssystems im Vergleich
mit anderen Methoden bei umfangreichen Untersuchungen herausgestellt /1.3/.

Lösung des Gleichungssystems

Die Lösung des Gleichungssystems erfolgt in SPICE nach der Methode der
LU-Faktorisierung mit anschließendem Vorwärts- und Rückwärtseinsetzen.
LU-Faktorisierung bedeutet, daß die ursprüngliche Matrix in zwei Matrizen
faktorisiert wird, wobei die L-Matrix nur Elemente auf und unterhalb der
Hauptdiagonalen aufweist, während die U-Matrix, abgesehen von Einsen auf
der Hauptdiagonalen, nur Elemente oberhalb der Hauptdiagonalen hat. Es
ergeben sich also wieder genauso viele Elemente wie in der ursprünglichen
Matrix, so daß kein zusätzlicher Speicherplatz benötigt wird. Auch ist
keine Zwischenspeicherung nötig, denn der Faktorisierungsalgorithmus ist so
eingerichtet, daß sukzessive Elemente der ursprünglichen Matrix zur Berechnung der Elemente der L- und U-Matrix verwendet werden, die später nicht
mehr benötigt werden, so daß diese Stellen durch die neuen Werte
überschrieben werden können, ein sehr wichtiger Gesichtspunkt zur
Speicherplatzökonomie bei sehr großen Netzwerken. In Matrizenschreibweise
ergibt sich durch die Faktorisierung

$$\underline{A} \; \underline{x} = \underline{L} \; \underline{U} \; \underline{x} = \underline{b} \quad .$$

Mit der Definition eines Zwischenlösungsvektors

$$\underline{U} \; \underline{x} = \underline{y}$$

erhält man die beiden Gleichungssysteme

$$\underline{L} \; \underline{y} = \underline{b} \tag{1.1}$$

$$\underline{U} \; \underline{x} = \underline{y} \quad . \tag{1.2}$$

In unserem Zahlenbeispiel ergibt sich durch den hier nicht näher beschriebenen Faktorisierungsalgorithmus /1.5/

$$\begin{pmatrix} 3 & -1 & -1 \\ -1 & 2 & 0 \\ -1 & 0 & 2 \end{pmatrix} = \begin{pmatrix} 3 & 0 & 0 \\ -1 & 5/3 & 0 \\ -1 & -1/3 & 8/5 \end{pmatrix} \cdot \begin{pmatrix} 1 & -1/3 & -1/3 \\ 0 & 1 & -1/5 \\ 0 & 0 & 1 \end{pmatrix} \longrightarrow \begin{pmatrix} 3 & -1/3 & -1/3 \\ -1 & 5/3 & -1/5 \\ -1 & -1/3 & 8/5 \end{pmatrix} \tag{1.3}$$

$$\underline{A} \qquad = \qquad \underline{L} \qquad \cdot \qquad \underline{U} \qquad \longrightarrow \qquad \text{LU-Matrix} \; .$$

Daraus folgt mit Gleichung (1.1) durch sog. Vorwärtseinsetzen (Nullen oberhalb der Hauptdiagonalen!):

$$y_1 = 1/3 \quad y_2 = 1/5 \quad y_3 = 1/4 \quad .$$

Eingesetzt in Gleichung (1.2) ergibt sich das erwartete Ergebnis durch sog. Rückwärtseinsetzen (Nullen unterhalb der Hauptdiagonalen!)

$$x_3 = 1/4 \quad x_2 = 1/4 \quad x_1 = 1/2 \quad .$$

Wie schon bemerkt, stehen auf den ursprünglichen Speicherplätzen der A-Matrix die entsprechenden Elemente der L- und U-Matrix, oben formal LU-Matrix genannt.

Besonders hingewiesen sei auf die beiden Nullen in der A-Matrix. Es ist eine typische Eigenschaft elektronischer Netzwerke, daß sie zu Matrizen führen, die dünn besetzt sind, also viele Nullen enthalten. Bei unserem einfachen Beispiel ist diese Eigenschaft nicht so ausgeprägt, größere Netzwerke führen zu Matrizen, die 90% und mehr Nullen enthalten. Es wurde eine spezielle Technik, die sog. Sparse-Matrix-Technik entwickelt, um solche dünn besetzten Matrizen zu bearbeiten und so Größenordnungen an Rechenzeit und Speicherplatz zu sparen. SPICE arbeitet mit einem Pointer-System, das nur auf die besetzten Matrixplätze zeigt. Eine weitere Ersparnis ergibt sich, wenn die Matrizen symmetrisch oder nahezu symmetrisch sind, wie es häufig bei elektronischen Problemen vorkommt. Dann kann das Pointer-System noch wesentlich vereinfacht werden.

Wie aus Gleichung (1.3) hervorgeht, sind die beiden Nullen bei der LU-Faktorisierung verlorengegangen, es sind sog. "Fills" aufgetreten. Deshalb findet in SPICE eine Umordnung der Zeilen und Spalten der Matrix bei jedem Schritt der LU-Faktorisierung statt, um die Anzahl der Fills zu minimieren. In /1.5/ findet sich ein Beispiel, in dem bei einem 19-Knoten-Problem durch einen Umordnungsalgorithmus die Anzahl der Fills von 140 auf 10 reduziert wurde.

Behandlung von Nichtlinearitäten

Die Behandlung von Nichtlinearitäten erfolgt in SPICE mit Hilfe des Newton-Raphson-Algorithmus. Bild 1.2.2 zeigt ein einfaches Beispiel einer nichtlinearen Schaltung, wobei der Zusammenhang zwischen Diodenstrom und Diodenspannung durch folgende Gleichung gegeben ist

$$i = I_S \left(e^{v/U_T} - 1 \right)$$

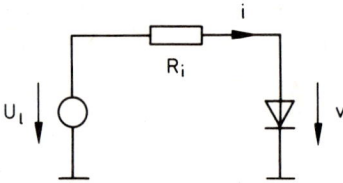

Bild 1.2.2 : Beispiel einer nichtlinearen Schaltung

Diodenstrom und -spannung müssen aber auch der linearen Randbedingung genügen, die durch den Generator mit U_l und R_i gegeben ist. In Bild 1.2.3 sind Dioden- und Generator-Kennlinie eingezeichnet.

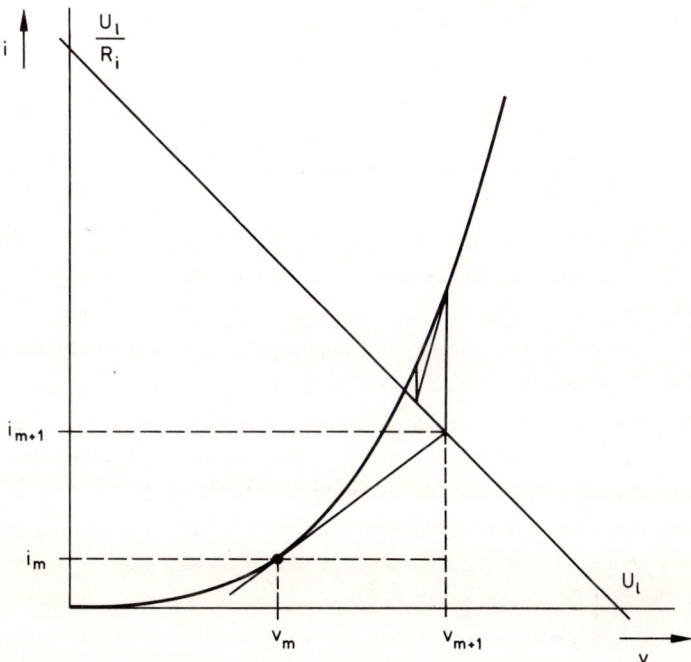

<u>Bild 1.2.3</u> : Analyse der Schaltung Bild 1.2.2 mit dem
Newton-Raphson-Algorithmus

Zur Ermittlung des sich einstellenden Arbeitspunktes (des Schnittpunktes der
beiden Kennlinien!) geht der Newton-Raphson-Algorithmus wie folgt iterativ
vor: In einem Startwert v_m, i_m (in SPICE wird als Startwert im allgemeinen
der Punkt der stärksten Krümmung der Diodenkennlinie gewählt) wird die
Tangente an die Diodenkennlinie gelegt und diese zum Schnitt mit der Genera-
torkennlinie gebracht. Wie Bild 1.2.3 zeigt, wird die Spannungskoordinaté
des Schnittpunkts als neuer Startwert für die nächste Iteration benutzt, und
das Verfahren konvergiert im allgemeinen im gesuchten Arbeitspunkt. Man
liest ab

$$(i_{m+1} - i_m)/(v_{m+1} - v_m) = di/dv \bigg|_m = (I_S \, e^{\,v_m/U_T})/U_T = G_m$$

Nach i_{m+1} aufgelöst ergibt sich

$$i_{m+1} = G_m \, v_{m+1} + i_m - G_m \, v_m$$

Diese Gleichung kann als eine linearisierte Ersatzschaltung einer Diode
interpretiert werden, die in Bild 1.2.4 gezeigt ist.

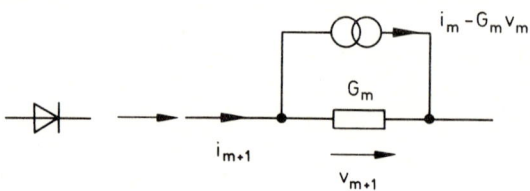

<u>Bild 1.2.4</u> : Linearisierte Ersatzschaltung einer Diode

Die Berechnung eines Netzwerks mit Dioden geht nun folgendermaßen vor sich:
Jede Diode wird durch ihre Ersatzschaltung (Bild 1.2.4) ersetzt,   für den
Punkt stärkster Krümmung der Diodenkennlinie sind i_0, v_0, G_0 bekannt,
damit kann eine Analyse des linearisierten Netzwerks stattfinden und man
erhält i_1, v_1, G_1. Mit diesen Werten führt man eine erneute lineare
Netzwerkanalyse durch und wiederholt diesen Prozeß so lange, bis sich die
Spannungen an den Dioden von den Werten der vorangegangenen Iteration nicht
mehr als eine vorgegebene Fehlerspannung unterscheiden.   Die Berechnung
nichtlinearer Netzwerke ist damit auf die iterative Berechnung linearer
Ersatznetzwerke zurückgeführt.

Wegen des exponentiellen Anstiegs des Stroms mit der Spannung bei Diodenpro-
blemen kann es manchmal zu Überschreitungen des Zahlenbereichs eines Computers kommen.   Modifikationen des Newton-Raphson-Algorithmus zur Vermeidung
des Überlaufs durch sog. "simple limiting" sind in /1.3/ beschrieben.

<u>Numerische Integration</u>

Das schwierigste und zeitaufwendigste Problem ist für ein Simulationsprogramm
elektronischer Schaltungen die Analyse des Zeitverhaltens.   SPICE verwendet
aus Gründen der Stabilität eine implizite Integrationsmethode.   Das einfachste Beispiel einer impliziten Methode ist das Rückwärts-Euler-Verfahren.   Am
Beispiel der Kapazität soll diese Berechnungsmethode dargestellt werden.
Bekanntlich gilt für den Zusammenhang zwischen Strom und Spannung bei einer
Kapazität (s. Bild 1.2.6)

$$i = C \, dv/dt \quad .$$

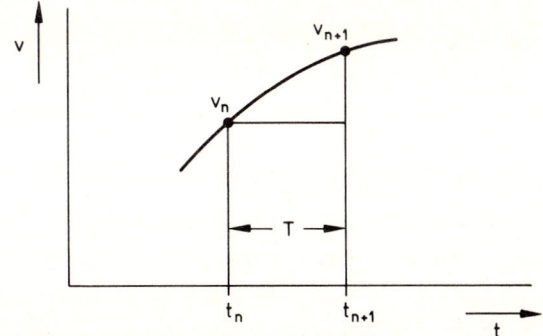

__Bild 1.2.5__ : Zur Erklärung der impliziten Integration (s. Text)

Bild 1.2.5 zeigt einen angenommenen Verlauf der Spannung über der Zeit.   Der Differentialquotient zum Zeitpunkt t_{n+1} wird durch den Differenzenquotienten genähert, d.h.

$$dv/dt\Big|_{t_{n+1}} \approx (v_{n+1} - v_n)/(t_{n+1} - t_n) = (v_{n+1} - v_n)/T \quad .$$

Damit ergibt sich für den Strom i_{n+1} durch die Kapazität zum Zeitpunkt t_{n+1}

$$i_{n+1} = C\,dv/dt\Big|_{t_{n+1}} \approx (C/T)\,v_{n+1} - (C/T)\,v_n \qquad .$$

Diese Gleichung kann wiederum als ein Ersatznetzwerk für die Kapazität interpretiert werden, wie Bild 1.2.6 zeigt. Mit Hilfe dieses Netzwerks und bei Kenntnis der Spannung zum Zeitpunkt t_n kann die Spannung zum Zeitpunkt t_{n+1} berechnet werden und so iterativ weiter bis zu einem vorgegebenen Endzeitpunkt.   Induktivitäten können ähnlich dargestellt werden.

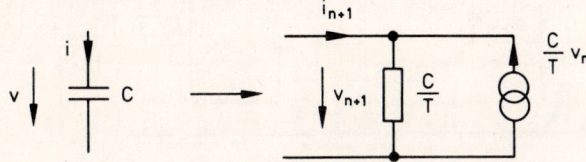

__Bild 1.2.6__ : Ersatzschaltung einer Kapazität

In /1.5/ ist gezeigt, daß der Fehler beim Rückwärts-Euler-Verfahren linear vom Zeitschritt T abhängt. In SPICE ist die Trapezintegration verwendet, ein implizites Integrationsverfahren, bei dem der Fehler quadratisch mit kleiner werdendem Zeitschritt zurückgeht. Ein besonderes Problem stellt die Wahl des richtigen Zeitschritts dar, sie hängt ab von den in dem zu analysierenden Schaltungsproblem vorhandenen Zeitkonstanten. Diese Zeitkonstanten können u.U. um Größenordnungen differieren, so ergeben sich bei einem festen Zeitschritt entweder Konvergenzprobleme oder eine sehr große Rechenzeit, wenn der Zeitschritt entsprechend der kleinsten Zeitkonstante gewählt wurde. SPICE hat deshalb eine automatische Zeitschrittkontrolle, d.h. bei Schaltflanken wird mit wesentlich kleinerem Zeitschritt gerechnet als während der Zeit, in der sich wenig ereignet. Die nach sehr eingehenden Untersuchungen verschiedener Integrationsverfahren und verschiedener Möglichkeiten, den Zeitschritt zu kontrollieren, ausgewählte automatische Zeitschrittwahl ist sicher auch mit verantwortlich für den Erfolg des Programms SPICE.

1.3 Die Programmstruktur von SPICE

SPICE ist ursprünglich für den Computer CDC 6400 geschrieben und umfaßt 15000 FORTRAN- und Assembler-Statements. Das Programm besteht aus einem Hauptprogramm, sieben größeren Segmenten und einem gemeinsamen Speicherbereich (Blank Common). Bild 1.3.1 zeigt die Speicherplatzverteilung.

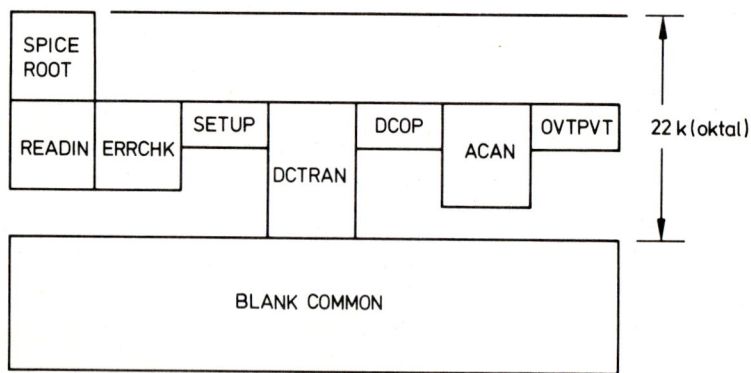

Bild 1.3.1 : Speicherplatzverteilung für das Programm SPICE

Danach ergibt sich der insgesamt benötigte Speicherplatz durch die Summe des Speicherplatzes für das Hauptprogramm (16K oktal), für das längste Segment (DCTRAN = 6K oktal) und für den Common. Beim Start des Programms wird dem Common ein Speicherplatz von 4K oktal zugewiesen. Stellt sich im Laufe der Bearbeitung heraus, daß dieser Speicherplatz nicht ausreicht, so wird der Common bis zu der durch die Rechenanlage gegebenen Speicherplatzgrenze erweitert. Diese dynamische Speicherplatzerweiterung ist ein wesentlicher weiterer Vorteil von SPICE.

Im Folgenden werden die Aufgaben der einzelnen Segmente kurz dargestellt.

READIN : Hier findet das Einlesen der Eingabedatei statt und der Aufbau von Element- und Knoten-Listen, die zur dynamischen Erweiterung des Speicherbereichs dienen.

ERRCHK prüft die Eingabe auf Plausibilität, z.B. ob jeder Knoten mit mindestens zwei Elementen verbunden ist. Außerdem werden in diesem Programmteil die Modellparameter geprüft und die fehlenden durch sinnvolle Werte ersetzt.

SETUP baut das Pointersystem zur Verarbeitung der dünn besetzten Matrizen auf. Hier findet die Umordnung der Matrix zur Minimierung der Fills statt. Dieses Segment erzeugt einen Maschinencode zur schnellen Abarbeitung der LU-Faktorisierung und des Vorwärts- und Rückwärtseinsetzens.

DCTRAN ist das längste und komplizierteste Segment. Hier werden die Newton-Raphson-Iterationen zur Berechnung des Gleichstromarbeitspunkts und Anfangsbedingungen für die Analyse des Zeitverhaltens gesteuert. Wiederholte Gleichstromanalysen bei veränderter Eingangsgröße führen zur Berechnung der DC-Übertragungskurve. Schließlich findet hier auch die Analyse des Zeitverhaltens mit der automatischen Schrittweitenanpassung statt.

DCOP umfaßt die Berechnung der linearisierten Modellgrößen im Arbeitspunkt. Außerdem wird hier die Sensitivity-Analyse gesteuert, die Informationen über die Empfindlichkeit einer bestimmten Ausgangsgröße bezüglich Änderungen von Bauelementen bzw. Parametern im Netzwerk liefert.

ACAN liefert neben der Wechselstromanalyse des im Arbeitspunkt linearisierten Netzwerks eine Rausch- und Verzerrungsanalyse.

OVTPVT : Hier wird die Ausgabe aufbereitet, insbesondere Plotroutinen aufgerufen. Außerdem ist hier die Fourieranalyse einer verzerrten periodischen Zeitfunktion möglich.

1.4 Definitionen und Vereinbarungen

Unter SPICE - Programm, kurz Programm, soll in diesem Buch in engerem Sinne
die Menge von Anweisungen verstanden werden, die der Benutzer dem mit SPICE
ausgerüsteten Rechner zur Schaltungsanalyse eingibt.   In diesem Buch gelten
folgende

Vereinbarungen zur Beschreibung der Anweisungen :

1. Großbuchstaben, die Ziffern von O bis 9 soweit sie nicht Indizes
   sind, sowie die Zeichen aus Tab. 1.4.1 sind die einzigen in SPICE -
   Anweisungen zugelassenen Zeichen.   Sie müssen dem Rechner in
   gleicher Form und Reihenfolge wie in den Anweisungsbeschreibungen in
   diesem Buch eingegeben werden.

2. Kleinbuchstaben, griechische Buchstaben und Indizes beschreiben nur
   Art und Inhalt der einzugebenden Informationen und werden in dieser
   Form nicht eingegeben.

3. Optionale Anweisungsteile werden von spitzen Klammern <optional>
   eingerahmt; spitze Klammern werden also nicht eingegeben.

4. Nur dort, wo Verwechslungsgefahr besteht, wird die Ziffer Null Ø
   vom Großbuchstaben O durch einen Schrägstrich unterschieden.

Zeichenname	Zeichen	Funktion
Punkt	.	Dezimalpunkt oder Zeichen für Beginn einer Modell- oder Steueranweisung
Komma	,	Trennungszeichen
Gleichheitszeichen	=	Trennungszeichen
Linke runde Klammer	(	Trennungszeichen
Rechte runde Klammer	)	Trennungszeichen
Leerzeichen		Trennungszeichen
Minus	–	für negative Zahl
Plus	+	Beginn einer Fortsetzungsanweisung
Stern	*	Beginn einer Kommentarzeile

Tab. 1.4.1 : Spezielle Zeichen auf SPICE - Anweisungen und ihre Funktion

Die Anweisungen werden formatfrei in einer sehr einfachen, problemangepaßten Programmiersprache formuliert, die Reihenfolge der Anweisungen ist beliebig mit folgenden Ausnahmen:

1. Die erste Anweisung eines SPICE - Programms ist eine sogenannte

   Titelanweisung :

       titelanweisung mit beliebigem text

Der Rechner beachtet den Inhalt dieser Anweisung nicht, man schreibt in diese Anweisung einen beliebigen Text, z.B. den Typ der analysierten Schaltung. Der Text der Titelanweisung erscheint als Überschrift auf jeder Seite der Ergebnisdatei. Vergißt man die Titelanweisung, so wird die erste Anweisung des Analyseprogramms vom Rechner als Titelanweisung interpretiert, was dann zu einer fehlerhaften Schaltungsanalyse führt, da diese Anweisung im eigentlichen Analyseprogramm fehlt.

2. Die letzte Anweisung des SPICE - Programms ist die

   Endanweisung :

       .END

Die Zeile der Endanweisung darf nur die Zeichenfolge .END ohne dazwischen liegende Leerzeichen enthalten. Sie schließt für den Rechner das eingegebene Programm ab. Vergißt man die .END - Anweisung, werden die Anweisungen eines unmittelbar folgenden Programms bis zu dessen .END - Anweisung als zu dem ersten Programm gehörig betrachtet, was meist zum Abbruch des SPICE - Laufs führt. Findet der Rechner überhaupt keine .END - Anweisung, bricht er ebenfalls ab.

3. Vom Benutzer definierte Teilschaltungen innerhalb eines Programms müssen korrekt begonnen und abgeschlossen werden, siehe Kap. 5.1 .

Damit ergibt sich folgender

Prinzipieller Aufbau eines SPICE - Programms :

    titelanweisung

    schaltungsbeschreibung

    und

    steueranweisungen

    .END

In einem SPICE -Programm kann man im wesentlichen drei verschiedene Arten von Anweisungen unterscheiden:

1. Elementanweisungen :

    Jedes Schaltelement (Kap. 2) erhält eine eigene Elementanweisung, auf der die Lage des Elementes in der Schaltung und seine elektrischen Parameter oder Hinweise darauf angegeben werden. Elementanweisungen beginnen mit einem für den Elementtyp charakteristischen Kennbuchstaben (siehe Tab. 2.0.1).

2. Modellanweisungen :

    Die Parameterwerte von Halbleiterelementen (Kap. 2.5) werden auf eigenen Modellanweisungen spezifiziert. Diese beginnen mit dem Kennwort .MODEL . Es lassen sich sieben verschiedene Halbleiterarten programmieren (Tab. 2.5.2).

3. Steueranweisungen :

    Mit den Steueranweisungen werden Art und Umfang der Schaltungsanalyse und der Ergebnisausgabe spezifiziert (Kap. 3, Kap. 6). Steueranweisungen beginnen mit einem Punkt, unmittelbar gefolgt von einem Kennwort (Tab. 3.0.1). Die letzte Anweisung eines SPICE - Programms, die .END - Anweisung (s.o.), ist eine Steueranweisung.

Zusammengehörige alphanumerische Zeichenfolgen, wie z.B. die Zeichenfolge
.END auf der Endanweisung heißen <u>Feld</u>.   Bei allen Anweisungen sind für
Felder keine bestimmten Stellen in der Anweisungszeile vorgeschrieben
(formatfreie Eingabe).   Eine bestimmte Reihenfolge der Felder auf der
Anweisung ist jedoch häufig vorgeschrieben.   Enthält eine Anweisung mehrere
Felder,   so dienen zur Trennung der Felder je nach Anweisungsart die in Tab.
1.4.1 aufgelisteten <u>Trennungszeichen</u> .   Vor und hinter den Trennungszeichen
können noch Leerstellen (blanks) eingefügt werden.   Reicht der Platz für den
Text einer Anweisung in einer Zeile mit normalerweise 80 Zeichen (siehe Kap.
3.1.1) nicht aus, so kann die Anweisung in der nächsten Zeile fortgesetzt
werden, wenn in ihrem ersten Feld als erstes Zeichen das Pluszeichen gesetzt
wird:

<u>Fortsetzung einer Anweisung</u> :

    + fortsetzung der vorhergehenden anweisung

Am Beginn der Ergebnisdatei einer SPICE - Analyse erscheint noch einmal das
eingegebene Programm (input listing).   Mit Hilfe der

<u>Kommentaranweisung</u> :

    * beliebiger text

die im ersten Feld der Anweisungszeile mit einem * beginnen muß,   kann im
Eingabeprogramm ein beliebiger Text eingefügt werden,   der vom Rechner nicht
beachtet wird und Erläuterungen oder Hinweise für den Benutzer enthält.

2 Schaltelemente

SPICE berechnet die Schaltung mittels Knotenanalyse. Hierzu wird jedem Knoten der Schaltung eine Knotennummer zugeordnet. Als Knotennummern dienen die positiven ganzen Zahlen. <u>Ein</u> Knoten muß die Nummer Null erhalten, er dient als Bezugsknoten. Die übrigen Knoten brauchen nicht aufeinander-folgend numeriert zu werden. Knoten, die durch einen Kurzschluß mit-einander verbunden sind, zählen als ein Knoten und erhalten die gleiche Knotennummer. An jedem Knoten müssen mindestens zwei Schaltelemente angeschlossen sein (Ausnahmen: Leitungen und der Substratknoten bei MOSFETs), siehe auch Bild 2.0.1a). Von allen Knoten muß ein Gleichstromweg mit einem endlichen Widerstand zum Bezugsknoten 0 führen, Bilder 2.0.1b) bis 2.0.1f); wo dieser Weg nicht vorhanden ist, kann ein hochohmiger Widerstand, der die Schaltungseigenschaften nicht beeinflußt, zum Knoten 0 geschaltet werden. Es dürfen keine aus Schaltelementen gebildete Maschen vorhanden sein, deren gesamter Gleichstromwiderstand gleich Null ist (Bilder 2.0.1 g, h, i), als Abhilfe kann ein niederohmiger Hilfswiderstand in die Masche geschaltet werden, der die Schaltungseigenschaften nicht beeinflußt.

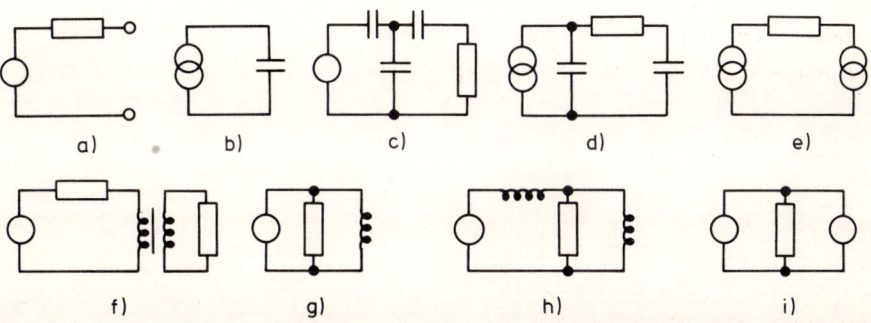

a)   b)   c)   d)   e)

f)   g)   h)   i)

<u>Bild 2.0.1</u> : Beispiele nicht zulässiger Schaltungen

Nach der Knotennumerierung besitzen alle Anschlüsse der Schaltung Knotennummern, die eine eindeutige Schaltungsbeschreibung durch Elementan-weisungen ermöglichen. Für jedes Schaltelement wird eine eigene Elementan-weisung mit einem Namenfeld, Feldern für die Knotennummern der Anschlüsse und Feldern mit den numerischen Werten der Elementparameter oder Hinweise darauf programmiert. Das Namenfeld muß mit einem für jede Schaltelementart typischen Buchstaben beginnen, siehe Tab. 2.0.1 , und darf nur alphanume-rische Zeichen, also keine Trennungszeichen und keine Leerzeichen enthalten.

Nur die ersten acht Zeichen des Namenfeldes werden von SPICE benutzt.   Jedes
Schaltelement muß einen eigenen Namen erhalten,   der sich in der Schaltung
nicht wiederholen darf.

Kennbuchstabe	Schaltelement	Kapitel
R	Widerstand	2.2.1
C	Kapazität	2.2.2
L	Induktivität	2.2.3
K	Gekoppelte Induktivitäten	2.2.4
T	Verlustlose Leitung	2.2.5
G	Spannungsgesteuerte Stromquelle	2.3
E	Spannungsgesteuerte Spannungsquelle	2.3
F	Stromgesteuerte Stromquelle	2.3
H	Spannungsgesteuerte Stromquelle	2.3
V	Unabhängige Spannungsquelle	2.4
I	Unabhängige Stromquelle	2.4
D	Diode	2.5.1
Q	Bipolarer Transistor	2.5.2
J	Sperrschicht-Feldeffekt-Transistor	2.5.3
M	MOS-Feldeffekt-Transistor	2.5.4
X	Teilschaltung	5.1

Tab. 2.0.1 : Liste der Schaltelemente und Kennbuchstaben

2.1 Numerische Werte

Die Größe eines Schaltelementparameters wird als Dezimalzahl in seinem
Wertfeld programmiert. Das Wertfeld darf kein Trennungszeichen
(Leerzeichen, Komma, Gleichheitszeichen, Klammer) enthalten, das Plus-
zeichen bei positiven Zahlen braucht nicht angegeben zu werden.

2.1.1 Zahlendarstellung

Der Parameterwert kann als ganze Zahl, als Dezimalbruch oder als Gleitkomma-
zahl im Wertfeld programmiert werden.

Beispiele für ganze Zahlen :   12   -44   1000
         für Dezimalbrüche :   3.14   -0.05

Beachte : Häufige Fehler sind die Eingabe des Kommas statt des Punktes bei
           Dezimalbrüchen
           und des Buchstabens O statt der Ziffer 0 bei Zahlen.

                Beispiele : Eingabe   bedeutet

                              0,57   0
                              220   22

Sowohl ganze Zahlen als auch Dezimalbrüche können mit einer Zehnerpotenz mit
ganzzahligem Exponenten multipliziert werden, derartige Zahlen heißen
Gleitkommazahlen. Für die Basis 10 wird der Buchstabe E programmiert, die
auf E folgende ganze Zahl ist der Exponent.

Beispiele für Gleitkommazahlen : Eingabe   bedeutet

                    -75E-4 $-75 \cdot 10^{-4} = -0,0075$

                    2.6508E3 $2,6508 \cdot 10^{3} = 2650,8$

25

2.1.2 Maßstabsfaktoren

Anstelle spezieller Zehnerpotenzen können abkürzende Buchstaben (Maßstabsfaktoren) nach Tab. 2.1.1 programmiert werden .

SPICE- Maßstabsfaktor	äqivalente SPICE-Darstellung	Bedeutung
T	E12	10^{12} = Tera = T
G	E9	10^{9} = Giga = G
MEG	E6	10^{6} = Mega = M
K	E3	10^{3} = kilo = k
M	E-3	10^{-3} = milli = m
U	E-6	10^{-6} = mikro = u
N	E-9	10^{-9} = nano = n
P	E-12	10^{-12} = piko = p
F	E-15	10^{-15} = femto = f
MIL	25.4E-6	25,4 10^{-6}

Tab. 2.1.1 : SPICE - Maßstabsfaktoren

Beispiele :	Eingabe	äqivalente Eingabe	Bedeutung
	-2.65K	-2.65E3	$-2,65 \ 10^{3}$ = -2,65k
	37.5P	37.5E-12	$37,5 \ 10^{-12}$ = 37,5p

2.1.3 Einheiten

Ohne daß SPICE dies beachtet,   kann man,   um das Eingabeprogramm
übersichtlicher zu machen,   die durch Buchstaben ausgedrückte Einheit des
Parameterwertes unmittelbar (ohne Leerzeichen) an das Wertfeld anschließen,
wenn sich hierdurch kein neuer Maßstabsfaktor ergibt :

Beispiele :   SPICE-Eingabe   Bedeutung

        60OHM   60 Ohm

        3.3KOHM   3,3 kOhm

        40MSIEMENS   40 mS

        64US   64 us   oder   64 uS

        1MSEC   1 ms

      10.7MEGHZ   10,7 MHz

        50HZ   50 Hz

Beispiele für Programmierfehler :

      Eingabe   bedeutet nicht   sondern

      10MILLIVOLT   10 mV   0,254 mV

      0.01F   0,01 Farad 10^{-17} Farad

      100MOHM   100 MOhm   0,1 Ohm

Am sichersten programmiert man also ohne Einheiten.

2.1.4 Optionale Angaben und Ersatzwerte

In den SPICE-Anweisungen zur Beschreibung der Schaltelemente oder zur Steuerung des Programms gibt es häufig optionale Felder, auf deren Angabe man
verzichten kann, ohne daß der Programmablauf dadurch gestört wird.   Diese
Felder werden in diesem Buch durch spitze Klammern <optional> gekennzeichnet.
Weglassen der optionalen Angaben bewirkt, daß SPICE an ihrer Stelle
selbständig sinnvolle Ersatzwerte (default values) verwendet.

2.1.5 Genauigkeit der Ergebnisse

Eine Abschätzung der Rechengenauigkeit kann man aus den Konvergenzkriterien
von SPICE gewinnen: SPICE beendet die Iterationen, wenn die Spannungen
genauer als 0,1% bzw. 1uV und wenn die Ströme genauer als 0,1% bzw. 1pA
konvergieren.   Es gilt die jeweils größere Grenze.   Die Grenzen können mit
den Optionen Nr. 8 bis 12 verändert werden (siehe Kap. 6).

2.2 Passive Schaltelemente

Mit SPICE können fünf verschiedene passive Schaltelemente nach Tab. 2.2.1
simuliert werden.

Kennbuchstabe	Schaltelement	Kapitel
R	Widerstand	2.2.1
C	Kapazität	2.2.2
L	Induktivität	2.2.3
K	Gekoppelte Induktivitäten	2.2.4
T	Verlustlose Leitung	2.2.5

Tab. 2.2.1 : Liste der passiven Schaltelemente

2.2.1 Widerstand R

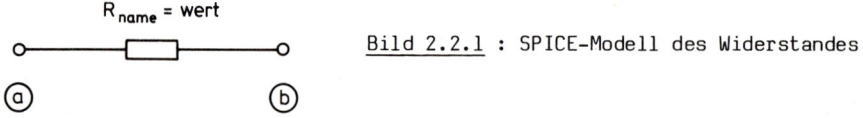

Bild 2.2.1 : SPICE-Modell des Widerstandes

Elementanweisung des Widerstandes :

Rname knoten$_a$ knoten$_b$ wert < TC=α <,ß> >

Das Namenfeld muß mit dem Buchstaben R beginnen.   In das Feld knoten$_a$ wird
die eine Knotennummer und in das Feld knoten$_b$ die andere Knotennummer des
Widerstandes geschrieben, die Reihenfolge der Knotennummern ist beliebig.
In das Feld wert wird der Wert des Widerstandes in Ohm geschrieben, er darf
positiv oder negativ, aber nicht Null sein.   Leitwerte müssen durch
Widerstände ersetzt werden.   Wird das letzte, optionale Feld weggelassen,
ist der Widerstand temperaturunabhängig.

Schaltung   Elementanweisung

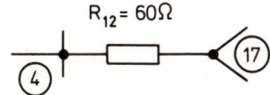

R12   4   17   6Ø

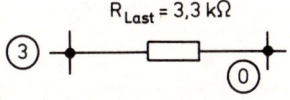

RLAST   Ø   3   3.3KOHM

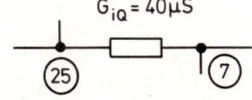

RIQ   25   7   25K

Bild 2.2.2 : Beispiele zur Programmierung von Widerständen

Im optionalen Temperaturfeld bedeuten α der lineare und ß der quadratische Temperaturkoeffizient der Widerstands-Temperaturkurve. Mit ihnen berechnet SPICE bei einer Temperaturanalyse (siehe Kap. 3.7) den Widerstandswert R_T bei der Temperatur $T = T_0 + dT$ aus dem im Wert-Feld angegebenen, bei der Nominaltemperatur T_0 gültigen Widerstandswert R_0 :

$$R_T = R_0 (1 + \alpha\, dT + ß\, dT^2)\qquad .$$

Läßt man das Temperaturfeld weg, nimmt SPICE für α und ß den Wert Null an.

1. Beispiel :   R12   4   17   6Ø   TC=-3ØU

Der zwischen den Knoten 4 und 17 liegende Widerstand R_{12} hat bei der Nominaltemperatur T_0 den Widerstand $R_0 = 60$ Ohm   und die Temperaturkoeffizienten $\alpha = -30\ 10^{-6}/K$ und ß = 0 .

2. Beispiel :   RO   Ø   1   1   TC=1M,1ØU

Bei diesem 1-Ohm-Widerstand ist $\alpha = 10^{-3}/K$ und   ß $= 10^{-5}/K^2$.

Zur Programmierung nichtlinearer Widerstände siehe Kap. 2.3.2.4   .

2.2.2 Kapazität C

Es können lineare und nichtlineare Kapazitäten simuliert werden.

Bild 2.2.3 : SPICE-Modell der
              linearen Kapazität

Elementanweisung der linearen Kapazität :

Cname   knoten$_a$ knoten$_b$ wert < IC=u$_o$ >

Das Namenfeld muß mit dem Buchstaben **C** beginnen.   Der Wert in Farad darf
nicht Null oder negativ sein.   Für den Beginn der Einschwinganalyse (siehe
Kap. 3.3.1) bei t = 0   kann optional im **IC**-Feld (IC = _initial_ _condition_)
der Wert der Anfangsspannung u$_o$ in Volt programmiert werden, der Zählpfeil
von u$_o$ zeigt vom Knoten a zum Knoten b der Kapazität.

Schaltung   Elementanweisung

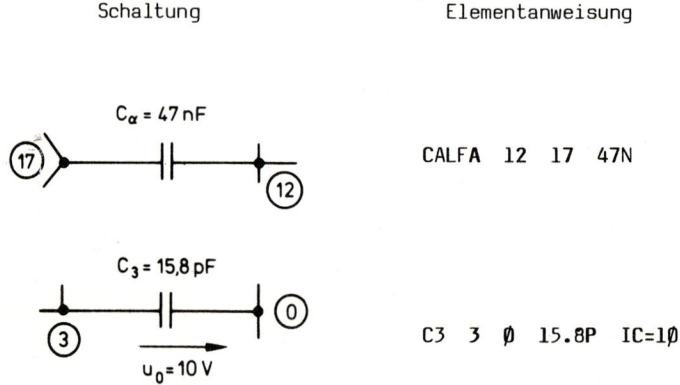

CALFA 12 17 47N

C3 3 Ø 15.8P IC=1Ø

Bild 2.2.4 : Beispiele zur Programmierung linearer Kapazitäten

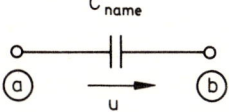

Bild 2.2.5 : SPICE-Modell der
             nichtlinearen Kapazität

Elementanweisung der nichtlinearen Kapazität :

   Cname kn_a kn_b POLY c_o $<c_1$ $<c_2$ usw $>>$ $< IC=u_o >$

c_o, c_1, c_2 usw sind die   Koeffizienten eines Polynoms,   das   die
Spannungsabhängigkeit des Wertes der Kapazität in Farad, C/F , beschreibt:

$$C/F = c_o + c_1 u + c_2 u^2 + \text{usw.}$$

Die Spannung u wird vom Knoten a zum Knoten b gezählt.

   Beispiel :   C2   2   Ø   POLY   15ØP   9P   -11P   IC=1Ø

Die Kapazität C_2 mit der   Anfangsspannung u_o = 10 V   hat   folgende
Spannungsabhängigkeit:

$$C_2/pF = 150 + 9 u/V - 11 u^2/V^2 \qquad .$$

2.2.3 Induktivität L

Es können lineare und nichtlineare Induktivitäten simuliert werden.

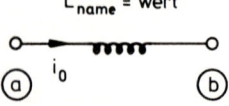

Bild 2.2.6 : SPICE-Modell der
                    linearen Induktivität

Elementanweisung der linearen Induktivität :

   Lname knoten$_a$ knoten$_b$ wert $<$ IC=i$_0$ $>$

Das Namenfeld beginnt mit dem Buchstaben L .   Der Wert der Induktivität in
Henry darf nicht Null oder negativ sein.   Optional kann der Wert des An-
fangsstromes i$_0$ für den Beginn der Einschwinganalyse (Kap. 3.3.1) im
IC-Feld programmiert werden.   i$_0$ fließt vom Knoten a durch die Spule zum
Knoten b.

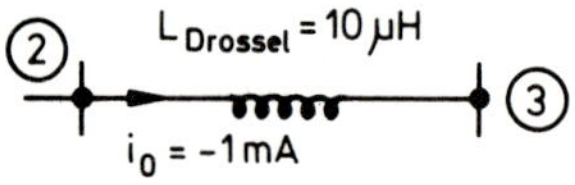

LDROSSEL 2 3 1ØUH IC=-1MA

Bild 2.2.7 : Schaltung und SPICE-Anweisung einer linearen Induktivität

Mit SPICE können auch nichtlineare, stromabhängige Induktivitäten programmiert werden, die zur Simulation von Sättigungserscheinungen in Spulen
und Transformatoren dienen /2.1/.

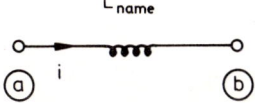

L$_{name}$

Bild 2.2.8 : SPICE-Modell der
                          nichtlinearen Induktivität

Elementanweisung der nichtlinearen Induktivität :

Lname kn$_a$ kn$_b$ **POLY** c$_0$ <c$_1$ <c$_2$ usw >> < IC=i$_0$ >

Mit den Polynomkoeffizienten c$_0$, c$_1$, c$_2$ usw kann die Stromabhängigkeit des
Wertes der Induktivität in Henry, L/H , beschrieben werden :

$$L/H = c_0 + c_1 i + c_2 i^2 + \text{usw.}$$

Der Strom i fließt vom Knoten a durch die Spule zum Knoten b .

Beispiel :   L1 2 3 POLY 10U 5U -3U IC=25MA

Die Induktivität L$_1$ mit dem Anfangsstrom i$_0$ = 25 mA   hat folgende
Stromabhängigkeit :

$$L_1/uH = 10 + 5 \, i/A - 3 \, i^2/A^2 \qquad .$$

2.2.4 Gekoppelte Induktivitäten K

Mit magnetisch gekoppelten Induktivitäten werden Transformatoren und
Übertrager simuliert.

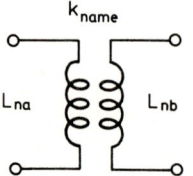

Bild 2.2.9 : SPICE-Modell zweier

gekoppelter Induktivitäten

Die Kopplung zwischen den beiden Induktivitäten L_{na} und L_{nb} wird durch den
dimensionslosen Kopplungsfaktor k_{name} beschrieben :

Elementanweisung des Kopplungsfaktors :

    Kname Lna Lnb wert

Für den Wert von k_{name} gilt $0 < $ wert ≤ 1 . L_{na} und L_{nb} müssen auf
getrennten Elementanweisungen (siehe Kap. 2.2.3) beschrieben werden.
Jeweils die ersten Knoten von L_{na} und L_{nb} sind Knoten gleicher
Momentanpolarität (durch Punkte gekennzeichnet) .

1. Beispiel : Übertrager mit drei Wicklungen

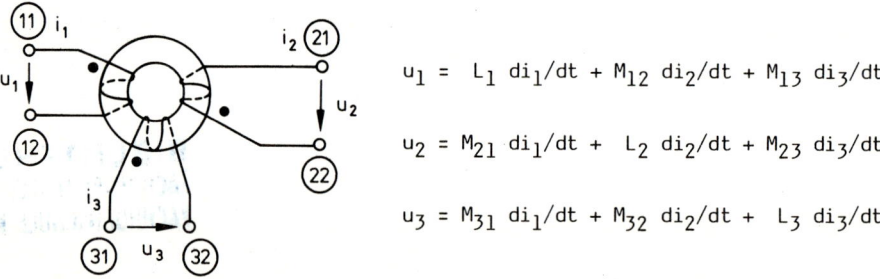

$$u_1 = L_1\ di_1/dt + M_{12}\ di_2/dt + M_{13}\ di_3/dt$$

$$u_2 = M_{21}\ di_1/dt + L_2\ di_2/dt + M_{23}\ di_3/dt$$

$$u_3 = M_{31}\ di_1/dt + M_{32}\ di_2/dt + L_3\ di_3/dt$$

Bild 2.2.10 : 3-Wicklungsübertrager mit beschreibenden Gleichungen /2.2/

In den Übertragergleichungen aus Bild 2.2.10   sind die Hauptinduktivitäten
L_i stets positiv , die Gegeninduktivitäten M_{ij} können je nach Wicklungssinn
und Wicklungsanschluß positiv oder negativ sein.   Bei isotropem Feldraum
gelten weiterhin folgende Bedingungen für Reziprozität und Passivität:

$$M_{ij} = M_{ji} \qquad \text{und} \qquad |M_{ij}| \leq (L_i L_j)^{1/2} \qquad .$$

Definition der Kopplungsfaktoren $|M_{ij}| = k_{ij} (L_i L_j)^{1/2}$

Es gilt also $0 \leq k_{ij} \leq 1$. Für den 3-Wicklungsübertrager ergeben
sich damit drei verschiedene Kopplungsfaktoren :

$$k_{12} = k_{21} = |M_{12}| \ / \ (L_1 L_2)^{1/2} = |M_{21}| \ / \ (L_1 L_2)^{1/2}$$

$$k_{13} = k_{31} = |M_{13}| \ / \ (L_1 L_3)^{1/2} = |M_{31}| \ / \ (L_1 L_3)^{1/2}$$

$$k_{23} = k_{32} = |M_{23}| \ / \ (L_2 L_3)^{1/2} = |M_{32}| \ / \ (L_2 L_3)^{1/2} \qquad .$$

Elementanweisungen des 3-Wicklungsübertragers nach Bild 2.2.10 :

```
L1   11  12  wert₁
L2   22  21  wert₂
L3   31  32  wert₃
K12  L1  L2  wert₁₂
K13  L1  L3  wert₁₃
K23  L2  L3  wert₂₃
```

2. Beispiel : 2-Wicklungs-Transformator

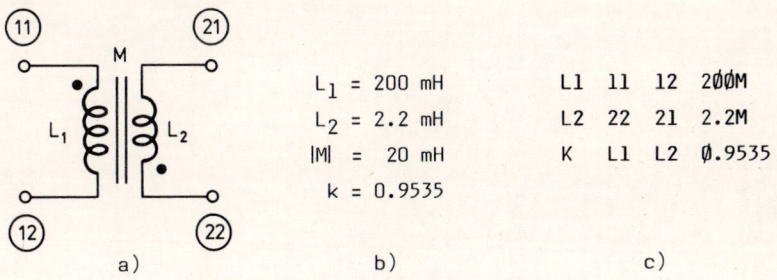

$L_1 = 200$ mH   L1 11 12 200M
$L_2 = 2.2$ mH   L2 22 21 2.2M
$|M| = 20$ mH   K   L1 L2 0.9535
$k = 0.9535$

a)   b)   c)

Bild 2.2.11 : a) Schaltbild, b) Werte und c) SPICE-Anweisungen
              des 2-Wicklungs-Transformators

3. Beispiel : Streufreier Spartransformator

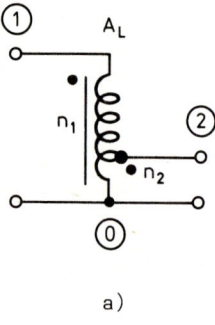

Induktivitätsbeiwert des Kerns A_L = 200 nH

primäre Windungszahl n_1 = 10

sekundäre Windungszahl n_2 = 3

Primärinduktivität $L_1 = n_1^2 A_L$ = 20 uH

Sekundärinduktivität $L_2 = n_2^2 A_L$ = 1,8 uH

a)   b)

Bild 2.2.12 : a) Schaltbild und b) Werte
des streufreien Spartransformators

Elementanweisungen des streufreien Spartransformators :

```
L1  1  Ø   2ØU
L2  2  Ø   1.8U
K  L1  L2  1
```

2.2.5 Verlustlose Leitung T

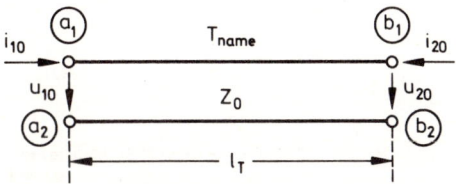

Bild 2.2.13 :
SPICE-Modell der
verlustlosen Leitung

Elementanweisung der verlustlosen Leitung :

Tname a_1 a_2 b_1 b_2 Z∅=w_z <TD=w_d> oder <F=w_f <NL=w_1> >
< + IC=u_{lo} , i_{lo} , u_{2o} , i_{2o} >

Dem mit T beginnenden Namenfeld folgen vier Knotenfelder : a_1 und a_2 sind
die Knotennummern am Leitungsanfang, b_1 und b_2 sind die Knotennummern am Lei-
tungsende. w_z ist der Wert des Wellenwiderstandes Z∅ der Leitung in Ohm. Die
geometrische Leitungslänge l_T muß in einer von zwei Formen berücksichtigt
werden: Entweder man gibt die Laufzeit TD (transmission delay) mit ihrem Wert
w_d in Sekunden an, oder man programmiert die auf die Wellenlänge λ bezogene
Leitungslänge (normalized length) NL = $l_T/λ$ bei der Frequenz F : w_f ist
der Frequenzwert in Hertz und w_1 der Wert der dimensionslosen normierten
Leitungslänge. Zwischen den drei Größen besteht der Zusammenhang TD = NL/F .
Wenn eine Frequenz ohne NL spezifiziert wird, nimmt SPICE den Ersatzwert
w_1 = 1/4   an, entsprechend einer   λ/4 - Leitung.
Optional können als Anfangsbedingungen für die Einschwinganalyse im IC - Feld
die Ströme und Spannungen an den Leitungstoren festgelegt werden.   Treten
bei einem Leitersystem mehrere Ausbreitungsmoden auf, muß für jeden Mode
eine eigene T - Anweisung programmiert werden.   Weiterhin beachte man, daß
der Zeitschritt bei der Einschwinganalyse nicht größer als die halbe kleinste
Laufzeit TD sein kann.   Sehr kurze Leitungen können deshalb lange Programm-
laufzeiten verursachen.

1. Beispiel :   TK 1 2 3 4 Z∅=5∅ TD=5∅N

2. Beispiel :   TK 1 2 3 4 Z∅=5∅ F=3∅MEG NL=1.5

3. Beispiel :   TK 1 2 3 4 Z∅=5∅ F=5MEG

Die Beispiele 1 bis 3 beschreiben die gleiche Leitung.   Siehe auch Kap. 7.3
für weitere Beispiele.

2.3 Gesteuerte Quellen

SPICE ermöglicht die Simulation der vier gesteuerten Quellen nach Tab. 2.3.1
in sehr allgemeiner Form.   Als Sonderfall werden zunächst die vier linearen
gesteuerten Quellen beschrieben.   Zur Programmierung der optionalen Anfangswerte siehe Kap. 2.3.2 .

Kennbuchstabe	Gesteuerte Quelle
G	Spannungsgesteuerte Stromquelle
E	Spannungsgesteuerte Spannungsquelle
F	Stromgesteuerte Stromquelle
H	Stromgesteuerte Spannungsquelle

Tab. 2.3.1 : Die vier gesteuerten Quellen und ihre Kennbuchstaben

2.3.1 Lineare gesteuerte Quellen

Lineare   gesteuerte   Quellen sind   lineare,   aktive   Vierpole.   Eine
Ausgangsspannungs- oder Ausgangsstrom - Quelle ist proportional einer Eingangsspannung oder einem Eingangsstrom.

2.3.1.1 Lineare spannungsgesteuerte Stromquelle **G**

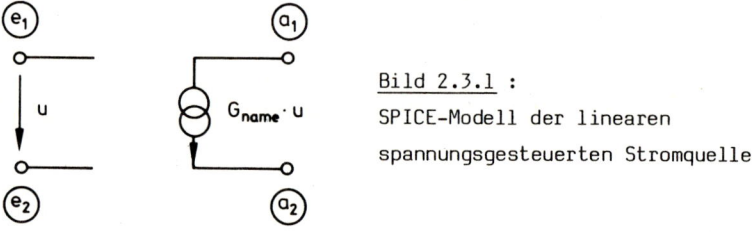

Bild 2.3.1 :
SPICE-Modell der linearen
spannungsgesteuerten Stromquelle

Elementanweisung der linearen spannungsgesteuerten Stromquelle :

   Gname a_1 a_2 e_1 e_2 wert

Die Anweisung beginnt mit dem Kennbuchstaben G , gefolgt von einem beliebigen Namen. Die beiden ersten Knotennummern a_1 und a_2 bezeichnen die Knoten der Ausgangsstromquelle, der Stromzählpfeil ist vom Knoten a_1 durch die Quelle zum Knoten a_2 gerichtet. Die beiden letzten Knotennummern e_1 und e_2 bezeichnen die Knoten der steuernden Spannung, deren Zählpfeil von e_1 nach e_2 gerichtet ist. In das Wertfeld wird der Übertragungsleitwert (transconductance) in Siemens vorzeichenrichtig unter Zählpfeilbeachtung geschrieben.

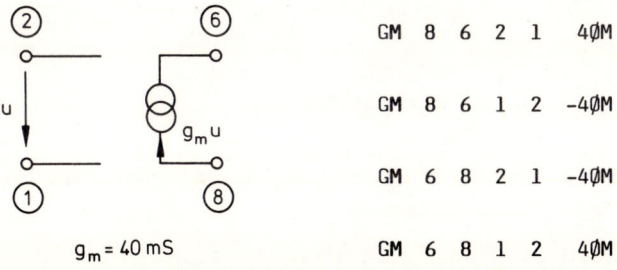

GM	8	6	2	1	40M
GM	8	6	1	2	-40M
GM	6	8	2	1	-40M
GM	6	8	1	2	40M

Bild 2.3.2 : Beispiel einer linearen spannungsgesteuerten Stromquelle
mit vier verschiedenen , richtigen Anweisungsmöglichkeiten

2.3.1.2 Lineare spannungsgesteuerte Spannungsquelle E

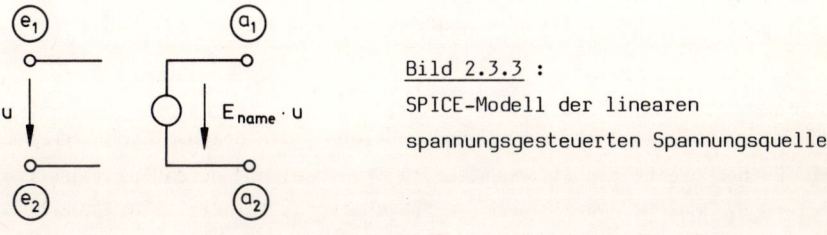

Bild 2.3.3 :
SPICE-Modell der linearen
spannungsgesteuerten Spannungsquelle

Elementanweisung der linearen spannungsgesteuerten Spannungsquelle :

Ename a_1 a_2 e_1 e_2 wert

Nach dem Namenfeld, das mit E beginnen muß, folgen die Knotenfelder a_1 und a_2 der gesteuerten Ausgangsspannungsquelle und anschließend die Knotenfelder e_1 und e_2 der steuernden Spannung u . Das Wertfeld enthält die Größe der Spannungsverstärkung.

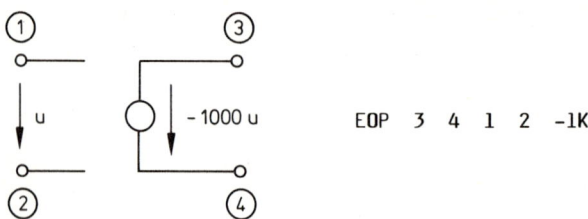

$$EOP \quad 3 \quad 4 \quad 1 \quad 2 \quad -1K$$

<u>Bild 2.3.4</u> : Beispiel einer spannungsgesteuerten Spannungsquelle
mit Elementanweisung

2.3.1.3 Lineare stromgesteuerte Stromquelle F

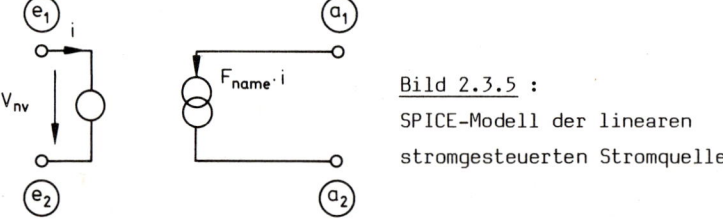

<u>Bild 2.3.5</u> :
SPICE-Modell der linearen
stromgesteuerten Stromquelle

<u>Elementanweisungen der linearen stromgesteuerten Stromquelle</u> :

Fname a_1 a_2 Vnv $wert_F$
Vnv e_1 e_2 $\langle$ art und $wert_V \rangle$

Es werden zwei Elementanweisungen benötigt.   Die erste mit dem Kennbuchstaben F beschreibt die stromgesteuerte Stromquelle, deren Ausgangsstrom vom Knoten a_1 durch die Stromquelle zum Knoten a_2 fließt.   Das $wert_F$ - Feld enthält die Größe der dimensionslosen Stromverstärkung.   In der zweiten Elementanweisung wird eine ideale, unabhängige Spannungsquelle V_{nv} mit dem Innenwiderstand Null beschrieben, die vom Steuerstrom i durchflossen wird. Der Steuerstrom i fließt vom Knoten e_1 durch V_{nv} hindurch zum Knoten e_2. V_{nv} dient lediglich zur Angabe des Schaltungszweiges, in dem der Steuerstrom i fließt.   Ist V_{nv} ursprünglich nicht im Steuerstromzweig der Schaltung enthalten, gibt man ihr den Wert Null.   Damit wirkt sie als Kurzschluß, der die Schaltung nicht beeinflußt.

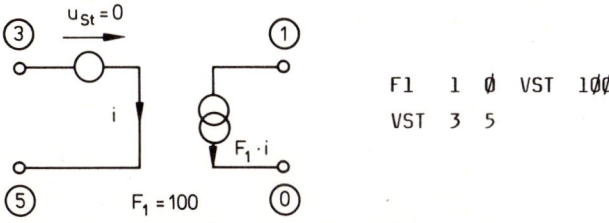

Fl   1   Ø   VST   1ØØ
VST   3   5

Bild 2.3.6 : Beispiel einer linearen stromgesteuerten Stromquelle
             mit Elementanweisungen

2.3.1.4 Lineare stromgesteuerte Spannungsquelle   H

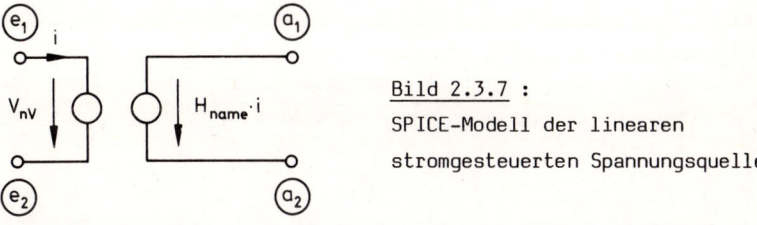

Bild 2.3.7 :
SPICE-Modell der linearen
stromgesteuerten Spannungsquelle

Elementanweisungen der linearen stromgesteuerten Spannungsquelle

Hname a_1 a_2 Vnv $wert_h$
Vnv e_1 e_2 < art und $wert_v$ >

Dem mit H beginnenden Namenfeld folgen die Knotenfelder der vom Knoten a_1 zum
Knoten a_2 gezählten Ausgangsspannungsquelle.   Das $wert_h$ - Feld enthält die
Größe des Übertragungswiderstandes in Ohm. V_{nv} ist der Name der Spannungsquelle im Steuerstromzweig.   Auch hier fließt der Steuerstrom i vom Knoten
e_1 durch V_{nv} hindurch zum Knoten e_2 .

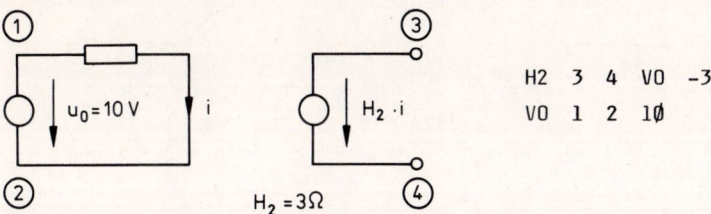

H2   3   4   VO   -3
VO   1   2   1Ø

Bild 2.3.8 : Beispiel einer linearen stromgesteuerten Spannungsquelle

2.3.2 Nichtlineare gesteuerte Quellen

Mit SPICE können auch die vier nichtlinearen gesteuerten Quellen entsprechend
folgender Gleichungen programmiert werden :

$$i_a = f(u_e) \qquad u_a = f(u_e) \qquad i_a = f(i_e) \qquad u_a = f(i_e) \quad .$$

Die Funktionen sind Polynome, die Argumente können mehrdimensional sein,
also aus mehreren unabhängigen Variablen bestehen. Die Polynomfunktionen
werden durch einen Satz von Polynomkoeffizienten p_0, p_1, ... p_n
spezifiziert. Sowohl die Anzahl der Dimensionen n_d als auch die Zahl der
Koeffizienten sind beliebig. Die Bedeutung der Koeffizienten hängt von der
Dimension des Polynoms ab, wie in den folgenden Beispielen gezeigt wird :

1. Eindimensionales Polynom , $n_d = 1$

$$f(x_a) = p_0 + p_1 x_a + p_2 x_a^2 + p_3 x_a^3 + p_4 x_a^4 + p_5 x_a^5 + \ldots$$

2. Zweidimensionales Polynom , $n_d = 2$

$$f(x_a , x_b) = p_0 + p_1 x_a + p_2 x_b + p_3 x_a^2 + p_4 x_a x_b + p_5 x_b^2 +$$
$$+ p_6 x_a^3 + p_7 x_a^2 x_b + p_8 x_a x_b^2 + p_9 x_b^3 + p_{10} x_a^4 + \ldots$$

3. Dreidimensionales Polynom , $n_d = 3$

$$f(x_a , x_b , x_c) = p_0 + p_1 x_a + p_2 x_b + p_3 x_c + p_4 x_a^2 +$$
$$+ p_5 x_a x_b + p_6 x_a x_c + p_7 x_b^2 + p_8 x_b x_c + p_9 x_c^2 +$$
$$+ p_{10} x_a^3 + p_{11} x_a^2 x_b + p_{12} x_a^2 x_c + p_{13} x_a x_b^2 +$$
$$+ p_{14} x_a x_b x_c + p_{15} x_a x_c^2 + p_{16} x_b^3 + p_{17} x_b^2 x_c +$$
$$+ p_{18} x_b x_c^2 + p_{19} x_c^3 + p_{20} x_a^4 + \ldots$$

Wird bei dem eindimensionalen Polynom nur ein Koeffizient spezifiziert, ist dieser automatisch p_1 . Die anderen Koeffizienten p_0 , p_2 , usw. werden auf Null gesetzt. Durch diese Vereinbarung sind die linearen gesteuerten Quellen eine Untermenge der nichtlinearen gesteuerten Quellen.

Bei allen gesteuerten Quellen können optional im **IC** - Feld Anfangswerte der Steuergrößen für die Gleichstromarbeitspunktsanalyse (DC - Analyse) angegeben werden. Verzichtet man darauf, nimmt SPICE zunächst für alle Steuergrößen den Wert Null an und berechnet einen vorläufigen Arbeitspunkt; nach Konvergenz der Iterationen setzt SPICE die Rechnung fort, um die wahren Steuergrößen und den endgültigen Arbeitspunkt zu ermitteln. Eine möglichst genaue IC - Angabe der Steuergrößen im Arbeitspunkt verkürzt also die Rechenzeit.

2.3.2.1 Nichtlineare spannungsgesteuerte Stromquelle G

Es wird eine Stromquelle programmiert, deren Wert von n_d Steuerspannungen gebildet werden kann.

Elementanweisung der nichtlinearen spannungsgesteuerten Stromquelle G

Gname a_1 a_2 <POLY(n_d)> e_1 e_2 <e_3 e_4 usw> <p_0 p_1 <usw>> oder <p_1>
< + IC=u_{e12} , u_{e34} usw>

Dem mit G beginnenden Namenfeld folgen die Knotenfelder a_1 und a_2 der Ausgangsstromquelle, ihr Stromzählpfeil ist von a_1 nach a_2 gerichtet. Das **POLY** - Feld braucht nur bei mehrdimensionaler Quellensteuerung spezifiziert zu werden, wird es weggelassen , nimmt SPICE eine eindimensionale Quelle an. Die Dimensionszahl n_d (positiv, ganzzahlig) ist die Zahl der unterschiedlichen Steuerspannungen. Anschließend folgen paarweise die Knotenfelder der Steuerspannungen. Die Felder p_0 , p_1 usw enthalten die Werte der Polynomkoeffizienten ; wird nur ein Wert spezifiziert , wird er als p_1 interpretiert. Im IC - Feld können optional zur Verkürzung der Gleichstromanalyse Schätzwerte für die Steuerspannungen im Gleichstromarbeitspunkt der Schaltung spezifiziert werden.

43

1. Beispiel :

Modell eines nichtlinearen Leitwerts $i(u) = 1{,}5\text{mA } u/V + 1\text{mA } u^2/V^2$

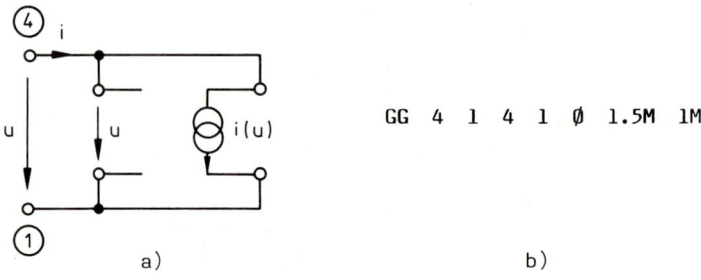

GG 4 1 4 1 Ø 1.5M 1M

a)   b)

Bild 2.3.9 : Simulation eines nichtlinearen Leitwerts mittels einer eindimensionalen nichtlinearen spannungsgesteuerten Stromquelle.
a) Simulationsschaltung , b) Elementanweisung

2. Beispiel : Schalter

Mit der zweidimensionalen spannungsgesteuerten Stromquelle kann man einen
Leitwert simulieren, der durch eine impulsförmige Schaltspannung von dem
Leitwert Null (= Schalter offen) in eine sehr großen Leitwert (= Schalter
geschlossen) geschaltet wird :

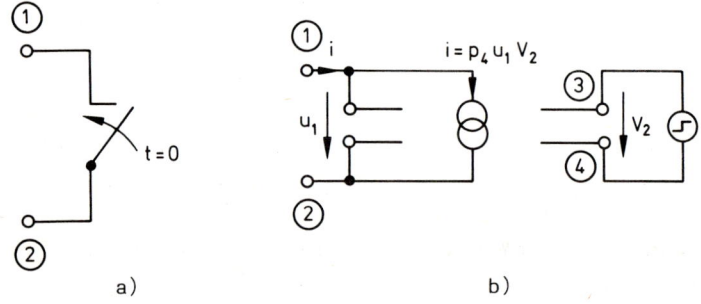

a)   b)

Bild 2.3.10 : a) Schaltbild und b) Simulationsmodell eines Schalters,
der bei t = 0 geschlossen wird

Zwischen den Knoten 1 und 2 wird der Schalterleitwert $i/u_1 = p_4\,V_2$
gebildet.

44

Elementanweisungen des Schaltermodells nach Bild 2.3.10 :

```
GS  1  2  POLY(2)  1  2  3  4  Ø  Ø  Ø  Ø  1K
V2  3  4  PULSE(Ø  1)
```

Die Schaltspannung V_2 springt bei t=0 vom Wert 0 auf den Wert 1V, der von ihr gesteuerte Schalterleitwert springt gleichzeitig von Null auf 1 kS , entsprechend einem Restwiderstand von 1 mOhm. Es wird nur der Polynomkoeffizient $p_4 = 1$ kA/V^2 von Null verschieden spezifiziert. Damit erhält man einen Strom i , der dem Produkt aus Eingangsspannung u_1 und Schaltspannung V_2 proportional ist: $i = p_4 u_1 V_2$.

2.3.2.2 Nichtlineare spannungsgesteuerte Spannungsquelle E

Es wird eine Spannungsquelle erzeugt, deren Wert von n_d verschiedenen Steuerspannungen beeinflußt werden kann.

Elementanweisung der nichtlinearen spannungsgesteuerten Spannungsquelle :

Ename a_1 a_2 <POLY(n_d)> e_1 e_2 <e_3 e_4 usw> <p_0 p_1 <usw>> oder <p_1>
< + IC=u_{e12} , u_{e34} , usw >

a_1 und a_2 sind die Knotennummernfelder der Ausgangsspannungsquelle, die von a_1 nach a_2 gezählt wird. POLY(n_d) braucht nur bei mehrdimensionaler Quellensteuerung spezifiziert zu werden. e_1 und e_2 bzw. e_3 und e_4 usw sind die Knotenfelder der n_d Steuerspannungen, die von e_1 nach e_2 bzw. von e_3 nach e_4 usw gezählt werden. p_0 , p_1 usw sind die Polynomkoeffizienten. Das IC- Feld enthält die optionalen Anfangswerte der Steuerspannungen für die Gleichstromarbeitspunktsanalyse.

1. Beispiel : Spannungsaddierer

Beim Spannungsaddierer werden die Polynomkoeffizienten $p_0 = 0$ und $p_1 = p_2 = p_3 = 1$ verwendet. Geschätzte Spannungswerte der Steuerspannungen werden im IC - Feld als Anfangswerte für die Gleichstromarbeitspunktsanalyse angegeben: $\dot{u}_{10} = 1{,}5V$, $u_{20} = 2{,}2V$, $u_{30} = 4{,}1V$.

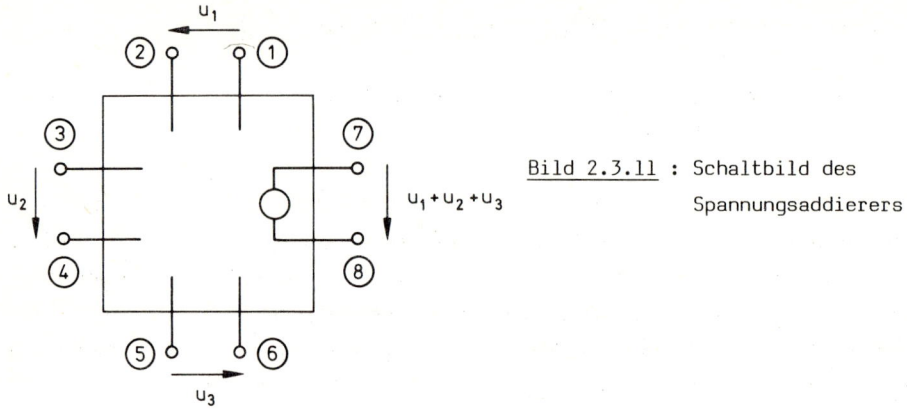

Bild 2.3.11 : Schaltbild des
             Spannungsaddierers

Elementanweisung des Spannungaddierers :

    ESUM 7 8 POLY(3) 1 2 3 4 5 6 Ø 1 1 1 IC=1.5,2.2,4.1

2. Beispiel : Spannungsmultiplizierer

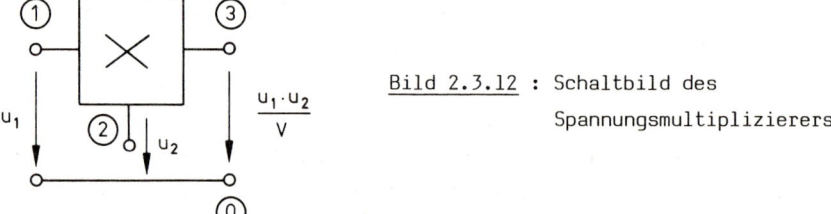

Bild 2.3.12 : Schaltbild des
             Spannungsmultiplizierers

Die Steuereingänge 1 und 2 haben einen unendlich großen Eingangswiderstand,
der Innenwiderstand der Ausgangsspannungsquelle u_{30} ist Null.   Es wird nur
der Polynomkoeffizient $p_4 = 1/V$ von Null verschieden programmiert.

Elementanweisung des Spannungsmultiplizierers :

    EMULT 3 Ø POLY(2) 1 Ø 2 Ø Ø Ø Ø Ø 1

2.3.2.3 Nichtlineare stromgesteuerte Stromquelle F

Der Wert einer Stromquelle kann von n_d verschiedenen Steuerströmen beeinflußt werden.

Elementanweisung der nichtlinearen stromgesteuerten Stromquelle :

Fname a_1 a_2 <POLY(n_d)> Vn_1 <Vn_2 usw> <p_0 p_1 <usw>> oder <p_1>
< + IC=i_{n1} , i_{n2} , usw>

Die beiden Knotennummern a_1 und a_2 bezeichnen die Knoten der Ausgangsstromquelle, der Stromzählpfeil ist vom Knoten a_1 durch die Strom-quelle zum Knoten a_2 gerichtet. n_d ist die Zahl der Steuerströme, der Ersatzwert ist 1 . Eine unabhängige Spannungsquelle V_n, die vom Steuer-strom i_n durchflossen wird, dient der Angabe des Ortes (Zweiges) in der Schaltung, an dem der Steuerstrom i_n fließt. Die von SPICE benutzte Lösungsmethode der Knotenanalyse erfordert diese etwas umständliche Steuerstromspezifizierung. Ist ursprünglich in einem Steuerstromzweig keine unabhängige Spannungsquelle enthalten, baut man dort eine Spannungsquelle mit dem Wert Null ein, die als Kurzschluß wirkt und die Eigenschaften der Schaltung nicht verändert. Es müssen die Namen von n_d unabhängigen Span-nungsquellen Vn_1 , Vn_2 usw angegeben werden. Knotennummern sowie Art und Größe der Spannungsquellen werden auf getrennten Elementanweisungen programmiert. Der Zählpfeil des Steuerstromes ist vom ersten Knoten durch die Spannungsquelle zu ihrem zweiten Knoten gerichtet. p_0 , p_1 usw sind die Polynomkoeffizienten des Polynoms, das die Wirkung der Steuerströme auf die Ausgangsstromquelle beschreibt. Optional können im IC - Feld geschätzte Gleichstromkomponenten der Steuerströme als Anfangswerte für die Gleichstrom-arbeitspunktsanalyse programmiert werden. Ihre Ersatzwerte sind Null.

1. Beispiel : Stromquadrierer

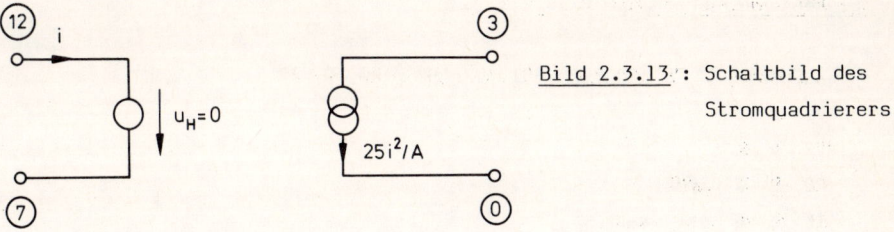

Bild 2.3.13 : Schaltbild des
Stromquadrierers

Elementanweisungen des Stromquadrierers :

```
FQUAD  3  Ø  POLY(2)  VH  VH  Ø  Ø  Ø  Ø  25
VH    12  7
```

2. Beispiel : Stromgesteuerte Kapazität $C = C_0 + C_1 I_E$

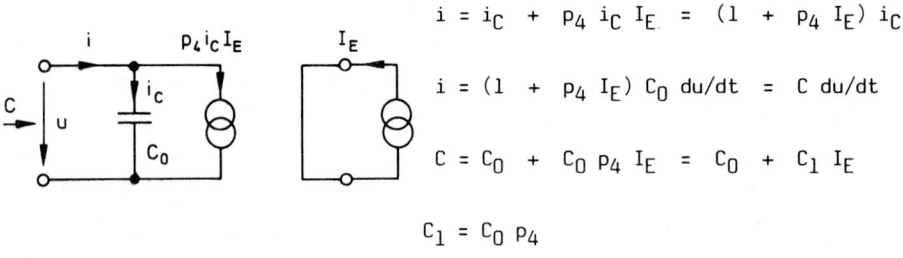

$$i = i_C + p_4 \, i_C \, I_E = (1 + p_4 \, I_E) \, i_C$$

$$i = (1 + p_4 \, I_E) \, C_0 \, du/dt = C \, du/dt$$

$$C = C_0 + C_0 \, p_4 \, I_E = C_0 + C_1 \, I_E$$

$$C_1 = C_0 \, p_4$$

Bild 2.3.14 : Simulationsschaltung und beschreibende Gleichungen
der stromgesteuerten Kapazität

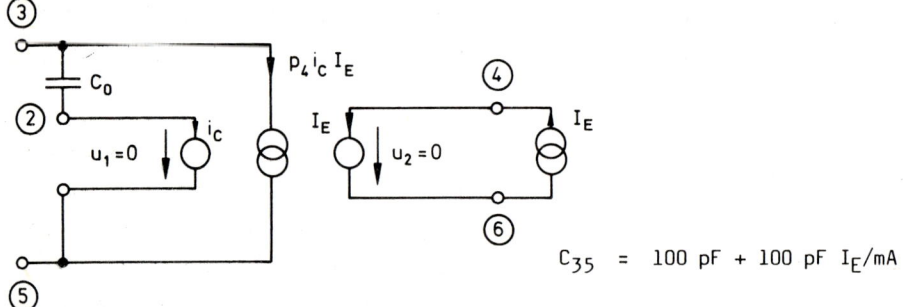

$$C_{35} = 100 \text{ pF} + 100 \text{ pF} \, I_E/\text{mA}$$

Bild 2.3.15 : Simulationsmodell mit quantitativer Funktionsgleichung
der stromgesteuerten Kapazität

Elementanweisungen zum Bild 2.3.15 :

```
FGESTKAP  3  5  POLY(2)  V1  V2  Ø  Ø  Ø  Ø  1K
V1   2  5
V2   4  6
CO   3  2  1ØØP
IE   6  4  art  wert
```

2.3.2.4 Nichtlineare stromgesteuerte Spannungsquelle H

Eine n_d - dimensionale Spannungsquelle ist von n_d verschiedenen Steuerströmen abhängig.

Elementanweisung der nichtlinearen stromgesteuerten Spannungsquelle :

Hname a_1 a_2 <POLY(n_d)> Vn_1 <Vn_2 usw> <p_0 p_1 <usw>> oder <p_1>
< + IC=i_{n1} , i_{n2} , usw>

a_1 und a_2 sind die Knotennummernfelder der Ausgangsspannungsquelle Hname , die von a_1 nach a_2 gezählt wird. POLY(n_d) braucht nur bei mehrdimensionalen gesteuerten Quellen spezifiziert zu werden.   Mit Hilfe von n_d verschiedenen unabhängigen Spannungsquellen Vn_1 , Vn_2 usw werden die Zweige der Schaltung bezeichnet,   in denen die Steuerströme vom ersten Knoten zum zweiten Knoten durch die Spannungsquellen fließen. p_0 , p_1 usw sind die Koeffizienten des Steuerpolynoms gemäß Kap. 2.3.2 .   Im optionalen **IC** - Feld können geschätzte Anfangswerte zur Verkürzung der Arbeitspunktsanalyse programmiert werden, ihre Ersatzwerte sind Null.

1. Beispiel : Nichtlinearer Widerstand (Generator) u/V = 2 - 0,5 i^2/A^2

Die nichtlineare Spannungs - Stromkennlinie wird durch eine Spannungsquelle modelliert,   die nichtlinear von dem Strom gesteuert wird ,   der sie durchfließt.   Der Steuerstromzweig wird durch die Nullspannungsquelle V_I markiert.

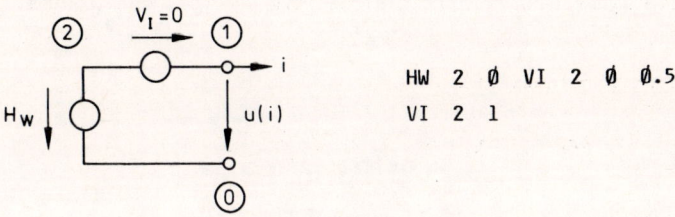

HW 2 Ø VI 2 Ø Ø.5
VI 2 1

Bild 2.3.16 : Modell und Elementanweisungen des nichtlinearen Widerstands

2. Beispiel : Schalter

Mit der zweidimensionalen stromgesteuerten Spannungsquelle läßt sich ein Widerstand simulieren, der durch einen impulsförmigen Schaltstrom von dem Widerstand Null (= Schalter geschlossen) in einen sehr großen Widerstand (= Schalter offen) geschaltet wird :

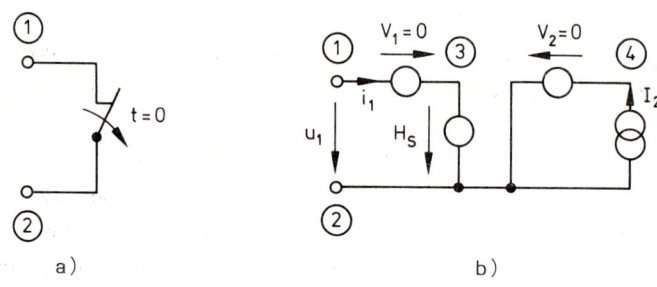

a)   b)

Bild 2.3.17 : a) Schaltung und b) Simulationsmodell eines Schalters.
              Zwischen den Klemmen 1 und 2 liegt der Schalterwiderstand
              u_1/i_1 = P_4 i_2

Elementanweisungen des Schalters :

      HS 3 2 POLY(2) V1 V2 Ø Ø Ø Ø 1MEG
      I2 2 4 PULSE(Ø 1)
      V1 1 3
      V2 4 2

Der Schaltstrom I_2 springt bei t=0 vom Wert 0 auf den Wert 1A , der von ihm gesteuerte Schalterwiderstand springt gleichzeitig von Null auf 10^6 Ohm.

2.4 Unabhängige Quellen V , I

Mit SPICE können ideale, unabhängige Spannungs- und Stromquellen simuliert werden. Eine Quelle ist unabhängig, wenn sie nicht von anderen Strömen oder Spannungen in der Schaltung abhängt; eine Spannungsquelle ist ideal, wenn sie an ihren Klemmen eine Spannung abgibt, die unabhängig vom belastenden Klemmenstrom ist (Innenwiderstand Null); eine Stromquelle ist ideal, wenn sie an ihren Klemmen einen Strom abgibt, der unabhängig von der Klemmenspannung ist (Innenwiderstand unendlich groß).

Zählpfeile und Vorzeichen :

Eine Spannung oder eine Spannungsquelle hat einen positiven Zahlenwert, wenn ihr Zählpfeil vom physikalischen Plus- zum Minuspol zeigt, ein Strom oder eine Stromquelle hat einen positiven Zahlenwert, wenn der Stromzählpfeil in Bewegungsrichtung der positiven Ladungsträger zeigt.

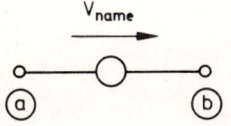

Bild 2.4.1 :
Schaltsymbol , Zählpfeil , Name
und Knotennummern einer idealen
unabhängigen Spannungsquelle

Elementanweisung der idealen unabhängigen Spannungsquelle :

Vname knoten$_a$ knoten$_b$ <zeitverhalten und wert>

Das Namenfeld muß mit dem Buchstaben V beginnen. Der für das Vorzeichen des Spannungswertes zuständige Spannungszählpfeil ist vom Knoten a zum Knoten b gerichtet. Werden keine Angaben für Zeitverhalten und Wert gemacht, nimmt SPICE den Ersatzwert Null für die Spannungsquelle an. Eine derartige Nullspannungsquelle wird zur Stromberechnung in einem Zweig der Schaltung benötigt (siehe auch Kap. 3.1). Ihr Einbau in einen Schaltungszweig verändert nicht das elektrische Verhalten der Schaltung, da sie wie ein Kurzschluß wirkt, ermöglicht aber, den Strom, dessen Zählpfeil in den Knoten a der Nullspannungsquelle zeigt, zu berechnen.

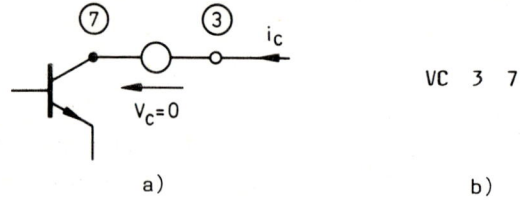

VC 3 7

a)   b)

<u>Bild 2.4.2</u> : a) Beispiel für eine Schaltung, in der die Nullspannungs-
quelle V_C zur Berechnung des Kollektorstroms i_C dient.
b) Elementanweisung der Nullspannungsquelle

Nullspannungsquellen werden auch häufig zur Programmierung des Steuerstroms
bei stromgesteuerten Quellen verwendet (siehe Kap. 2.3).

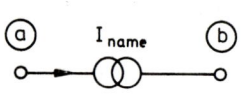

<u>Bild 2.4.3</u> :
Schaltsymbol , Zählpfeil , Name
und Knotennummern einer idealen
unabhängigen Stromquelle .

<u>Elementanweisung der idealen unabhängigen Stromquelle</u> :

Iname knoten$_a$ knoten$_b$ zeitverhalten und wert

Das Namenfeld beginnt mit dem Buchstaben **I** . Der das Vorzeichen des Strom-
wertes bestimmende Stromzählpfeil ist vom Knoten a zum Knoten b gerichtet.

In den Feldern für zeitverhalten und wert von Spannungs- und Stromquellen
können drei verschiedene Arten von Quellen definiert werden:

        - zeitlich konstante Gleichquellen ,
        - zeitlich veränderliche Quellen ,
        - Kleinsignal - Wechselquellen .

Es werden im folgenden nur Elementanweisungen für ideale, unabhängige
Spannungsquellen erläutert. Man erhält hieraus die Elementanweisungen für
ideale, unabhängige Stromquellen, wenn man den Buchstaben **V** durch **I** ersetzt
und alle Stromwerte unter Beachtung der Zählpfeilrichtungen in Ampere angibt.

2.4.1 Gleichspannungsquelle DC

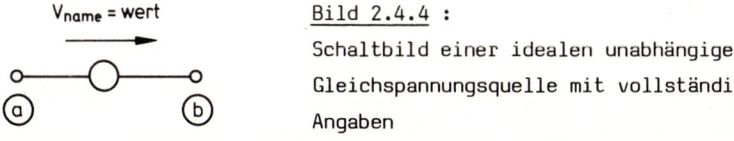

Bild 2.4.4 :

Schaltbild einer idealen unabhängigen
Gleichspannungsquelle mit vollständigen
Angaben

Elementanweisung der idealen unabhängigen Gleichspannungsquelle :

   Vname knoten$_a$ knoten$_b$ < DC >   < wert >

Das Feld   DC (= direct current) kann auch weggelassen werden.   Das wert-
Feld enthält den Gleichspannungswert in Volt vorzeichenrichtig unter Beachtung der Zählpfeilrichtung vom ersten Knoten a zum zweiten Knoten b . Wird
kein wert angegeben, nimmt SPICE den Ersatzwert Null an.

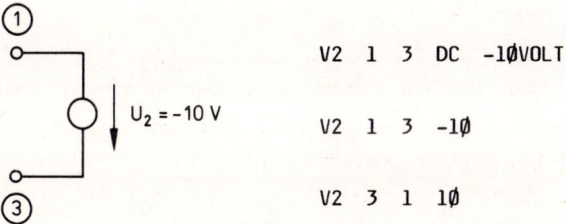

            V2 1 3 DC -1ØVOLT

            V2 1 3 -1Ø

            V2 3 1 1Ø

Bild 2.4.5 : Beispiel einer Gleichspannungsquelle mit drei verschiedenen,
             richtigen Elementanweisungen

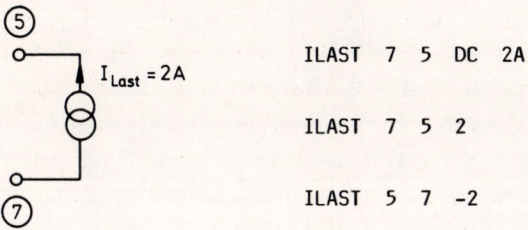

            ILAST 7 5 DC 2A

            ILAST 7 5 2

            ILAST 5 7 -2

Bild 2.4.6 : Beispiel einer Gleichstromquelle mit drei verschiedenen,
             richtigen Elementanweisungen

53

2.4.2 Zeitabhängige Quellen

Zeitabhängige Quellen ändern zeitlich schrittweise ihren Wert in einer vom Benutzer vorgeschriebenen Weise. Zusammen mit ihnen und der .TRAN - Steueranweisung (siehe Kap. 3.3) läßt sich das zeitliche Verhalten von linearen oder nichtlinearen Schaltungen berechnen. Es können fünf verschiedene zeitabhängige Quellen programmiert werden:

Quelle	Kennwort
Pulsquelle	PULSE
Sinusquelle	SIN
Exponentialquelle	EXP
Polygonquelle	PWL
Frequenzmodulierte Sinusquelle	SFFM

Tab. 2.4.1 : Liste der zeitabhängigen Quellen und Kennwörter

2.4.2.1 Pulsquelle PULSE

Mit der Pulsquelle können ein Spannungssprung oder ein oder mehrere Rechteck-, Dreieck-, Trapez- oder Nadelimpulse mit endlicher Flankensteilheit programmiert werden.

Elementanweisung der Pulsspannungsquelle :

$$\text{Vname} \quad kn_a \quad kn_b \quad \textbf{PULSE}(\ u_o \quad u_p \quad \langle t_d \quad \langle t_r \quad \langle t_f \quad \langle pw \quad \langle per \rangle\rangle\rangle\rangle\rangle \ )$$

Die Zeitabhängigkeit der Pulsspannungsquelle Vname , deren Zählpfeil vom Knoten kn_a zum Knoten kn_b gerichtet ist, wird durch den geknickten Geradenzug in Bild 2.4.7 beschrieben. Das Feld **PULSE** definiert die Pulsquelle, die durch die Parameterwerte in den folgenden Feldern bzw. die entsprechenden Ersatzwerte gemäß Tab. 2.4.2 beschrieben wird. Bei den Ersatzwerten ist t_{step} der Zeitschritt der Ergebnisausgabe und t_{stop} der Endzeitpunkt der .TRAN - Analyse. Beide Zeiten werden auf der .TRAN - Steueranweisung spezifiziert (siehe Kap. 3.3).

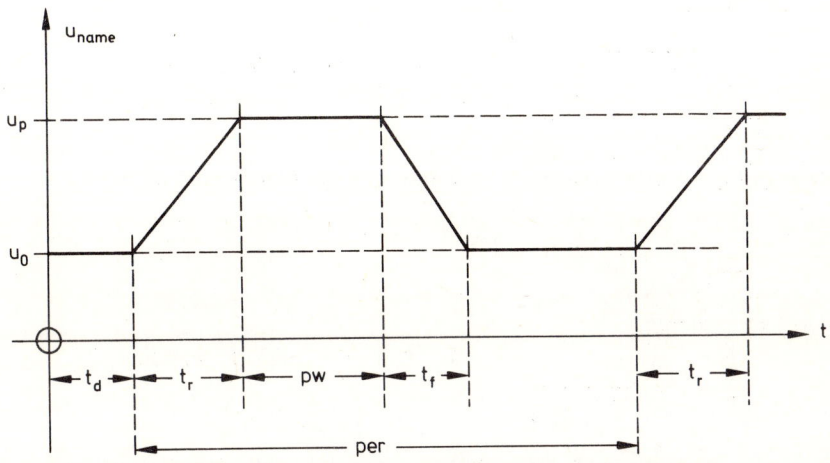

<u>Bild 2.4.7</u> : Zeitabhängigkeit der Pulsquelle

Parameter	Formelzeichen/Einheit	SPICE - Ersatzwert
Pulsanfangswert	u_o / V	-
Pulshöhe	u_p / V	-
Verzögerungszeit	t_d / s	0
Anstiegszeit	t_r / s	t_{step}
Abfallzeit	t_f / s	t_{step}
Pulsweite	pw / s	t_{stop}
Periodendauer	per / s	t_{stop}

<u>Tab. 2.4.2</u> : Liste der Parameter der Pulsquelle

Auf der Elementanweisung müssen nur die Parameterwerte, nicht die Parameternamen, in der angegebenen Reihenfolge programmiert werden; jeder fehlende Parameterwert muß, falls nach ihm noch weitere Parameterwerte spezifiziert werden, an der entsprechenden Stelle durch eine Null markiert werden; am Ende fehlende Parameterwerte brauchen nicht markiert zu werden. Fehlenden Parameterwerten ordnet das Programm die entsprechenden Ersatzwerte zu. Die Zeitwerte dürfen nicht negativ sein, der Minimalwert von t_r, t_f, pw und per ist t_{step} . Die Bilder 2.4.8 bis 2.4.12 zeigen einige Beispiele zeitabhängiger Quellen, die mit der PULSE - Quelle simuliert werden.

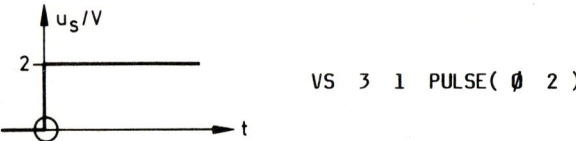

Bild 2.4.8 : Spannungssprung - Quelle und Elementanweisung

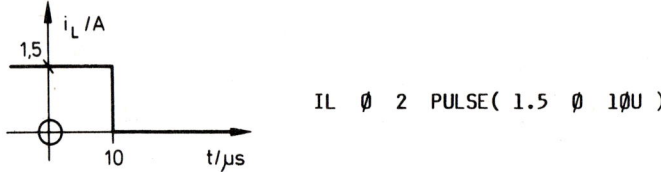

Bild 2.4.9 : Verzögert abfallende Stromquelle und Elementanweisung

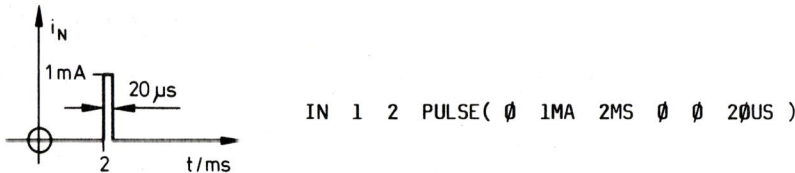

Bild 2.4.10 : Verzögerter Nadelimpuls mit der Impulsbreite t_{step} = 20 us

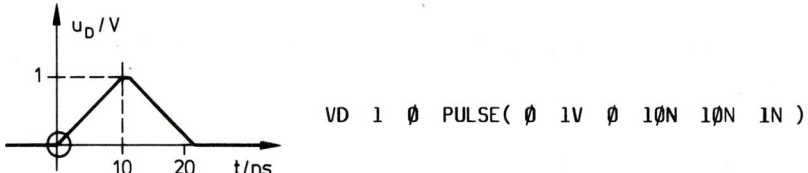

Bild 2.4.11 : Dreiecksimpuls bei t_{step} = 1ns

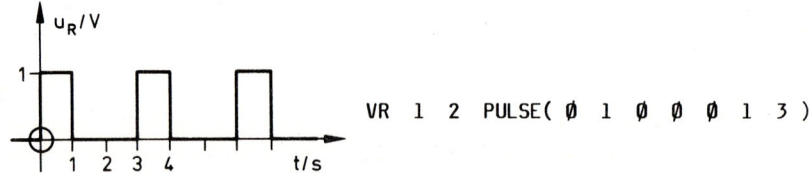

Bild 2.4.12 : Drei periodische Rechteckimpulse

2.4.2.2 Sinusquelle SIN

Die Sinusspannungsquelle entsteht aus der Addition einer gedämpften oder
ungedämpften Sinusspannung mit einer zeitlich konstanten Spannung (Offset),
siehe Bild 2.4.13 .

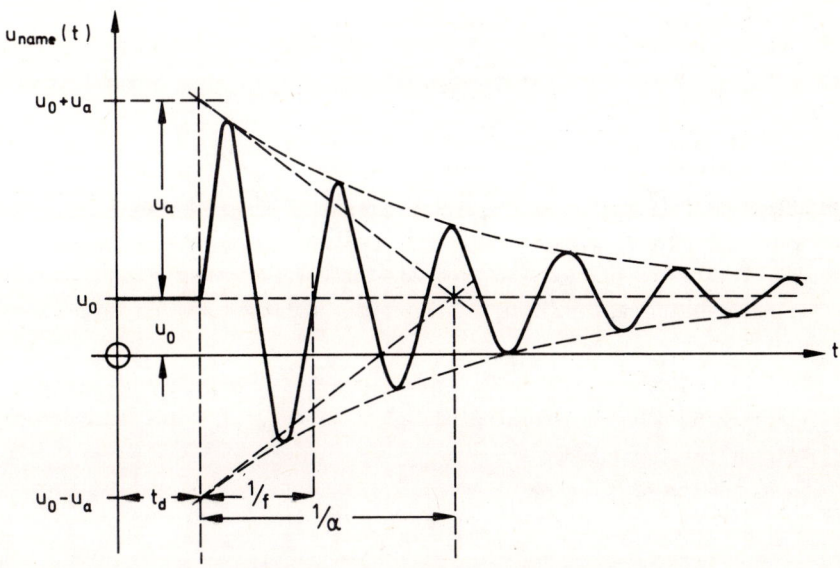

Bild 2.4.13 : Zeitabhängigkeit der Sinusquelle

Zeitfunktionen der Sinusquelle :

$0 \leq t \leq t_d$ $u_{name}(t) = u_o$

$t_d \leq t \leq t_{stop}$ $u_{name}(t) = u_o + u_a \sin(2\pi f(t-t_d))\ e^{-\alpha(t-t_d)}$

Elementanweisung der Sinusspannungsquelle :

Vname kn_a kn_b SIN(u_o u_a <f <t_d <α>>>)

57

Die Bedeutung der Parameter und ihre Ersatzwerte enthält Tab. 2.4.3 .

Parameter	Formelzeichen/Einheit	SPICE - Ersatzwert
Gleichspannungswert	u_o / V	-
Amplitude	u_a / V	-
Frequenz	f / Hz	1 / t_{stop}
Verzögerungszeit	t_d / s	0
Dämpfungsfaktor	α / s^{-1}	0

Tab. 2.4.3 : Parameterliste der Sinusquelle

In der Sinusanweisung werden nur die Parameterwerte , nicht die Parameter-namen programmiert. u_o , u_a und α können auch negativ sein. Bei negativem u_a beginnt u_{name} mit einer negativen Sinushalbschwingung, bei negativem α entsteht eine anklingende (größer werdende) Sinusspannung. Bei fehlender Dämpfung , $\alpha = 0$, bleibt die Amplitude der Sinusschwingung konstant.

1. Beispiel : Ungedämpfte Sinusschwingung, $f = 1/t_{stop}$, eine Periodendauer lang, kein Offset, Amplitude 1V :

$$VU \quad 1 \quad \emptyset \quad SIN(\emptyset \quad 1)$$

2. Beispiel : Gedämpfte Sinusspannung u_{in} vom Knoten 3 zum Knoten 0 ; mit Offset $u_o = -1V$; mit Einschaltverzögerung $t_d = 2,5$ ns ; Amplitude $u_a = 2V$, Frequenz f = 100 MHz ; Dämpfungsfaktor $\alpha = f/2$, entspricht Dämpfungszeitkonstante $1/\alpha$ gleich doppelter Periodendauer ($1/\alpha = 2T = 2/f$ = 20ns) .

$$VIN \quad 3 \quad \emptyset \quad SIN(-1 \quad 2 \quad \emptyset.1G \quad 2.5N \quad 5\emptyset MEG)$$

3. Beispiel : Soll die Sinusschwingung bei einem beliebigen Phasenwinkel >0 eingeschaltet werden, wird sie gemäß Bild 2.4.14 mit Hilfe eines von einer Hilfsspannung u_H gesteuerten Multiplizierers (siehe Kap. 2.3.2.2) bis zum Erreichen des Phasenwinkels φ auf Null geschaltet. Der Umschaltzeit-punkt t_d von u_H errechnet sich aus $2 \pi f t_d = \varphi$.

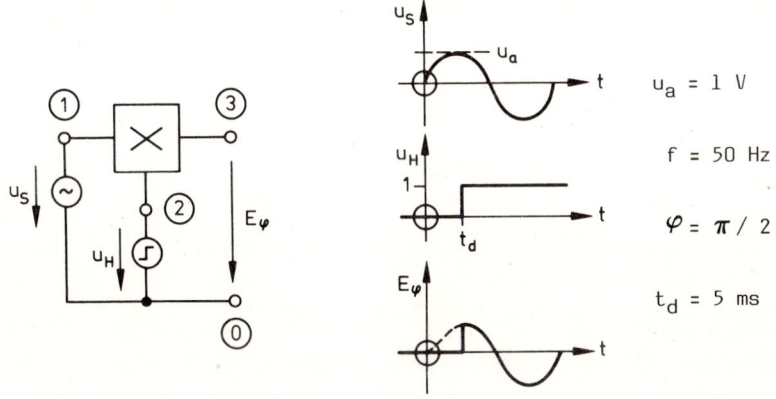

<u>Bild 2.4.14</u> : Schaltungsmodell , Zeitverläufe und Parameterwerte
                 der Cosinus - Spannungsquelle

<u>Elementanweisungen der Cosinus - Spannungsquelle</u> :

```
VS     1  Ø  SIN( Ø  1  5Ø )
VH     2  Ø  PULSE( Ø  1  5M )
EPHI   3  Ø  POLY(2) 1  Ø  2  Ø  Ø  Ø  Ø  Ø  1
```

2.4.2.3 Exponentialquelle EXP

Die Exponentialspannung ensteht gemäß Bild 2.4.15 aus der Addition einer
Gleichspannung u_o (Offset) und zweier zeitlich zu einander verschobener,
ansteigender bzw. abfallender Exponentialspannungen $u_1(t)$ und $u_2(t)$ mit
frei wählbaren Zeitkonstanten.

<u>Elementanweisung der Exponentialspannungsquelle</u> :

Vname kn_a kn_b EXP(u_o u_p <t_{dr} < τ_r <t_{df} < τ_f >>>>)

Die Bedeutung der Parameter und ihre Ersatzwerte enthält Tab. 2.4.4 .

59

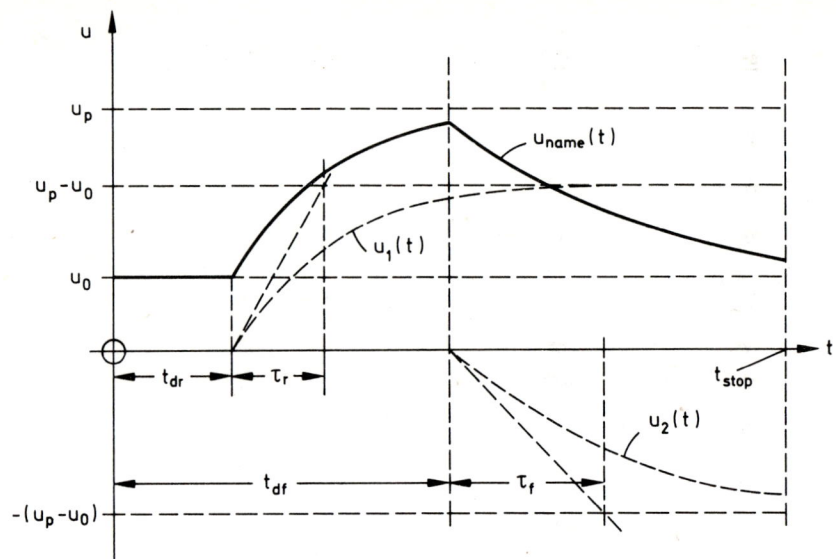

Bild 2.4.15 : Zeitlicher Verlauf der Exponentialquelle

Zeitfunktionen der Exponentialquelle :

$0 \leq t \leq t_{dr}$ $u_{name}(L) = u_o$

$t_{dr} \leq t \leq t_{df}$ $u_{name}(t) = u_o + u_1(t)$

$t_{df} \leq t \leq t_{stop}$ $u_{name}(t) = u_o + u_1(t) + u_2(t)$

mit

$$u_1(t) = (u_p - u_o)\ (1 - e^{-(t - t_{dr})/\tau_r})$$

$0 \leq t \leq t_{stop}$

$$u_2(t) = (u_o - u_p)\ (1 - e^{-(t - t_{df})/\tau_f})$$

Beispiel : Exponentialimpuls u_1 von Knoten 3 zum Knoten 4 mit $u_o = 1V$,
$u_p = -2V$, $t_{dr} = 2s$, $\tau_r = 1s$, $t_{df} = 5s$, $\tau_f = 0,5s$

Elementanweisung :   V1   3   4   EXP(1 -2   2   1   5   Ø.5)

60

Parameter	Formelzeichen/Einheit	SPICE - Ersatzwert
Anfangswert	u_o / V	-
Pulswert	u_p / V	-
Anstiegsverzögerungszeit	t_{dr} / s	0
Anstiegszeitkonstante	τ_r / s	t_{step}
Abfallverzögerungszeit	t_{df} / s	$t_{dr} + t_{step}$
Abfallzeitkonstante	τ_f / s	t_{step}

Tab. 2.4.4 : Parameterliste der Exponentialquelle

2.4.2.4 Polygonquelle PWL

Die Polygonquelle (PWL = piece-wise linear) wird aus Geradenstücken zusammengesetzt, sie bildet in Abhängigkeit von der Zeit einen geknickten Geradenzug. Jeder Knickpunkt wird durch ein Wertepaar aus Zeit und Spannung (Strom) festgelegt. Die Quellenwerte zwischen den Knickpunkten werden von SPICE linear interpoliert. Als erstes muß bei der Zeit t=0 die Spannung u_o und als letztes kann bei der Zeit t_{stop}, dem Ende des Analysezeitraumes, die Spannung u_{stop} programmiert werden. Werden t_{stop} u_{stop} nicht programmiert, behält SPICE bis t_{stop} den letzten spezifizierten Spannungs- wert bei.

Elementanweisung der Polygonspannungsquelle :

Vname kn_a kn_b PWL(Ø u_o <t_1 u_1 <usw> <t_{stop} u_{stop}> >)

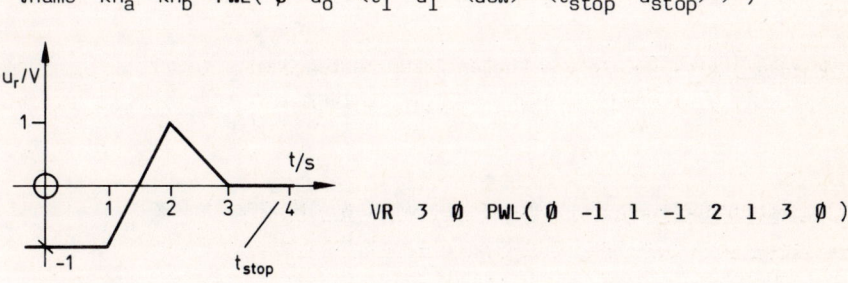

VR 3 Ø PWL(Ø -1 1 -1 2 1 3 Ø)

Bild 2.4.16 : Zeitverhalten und Elementanweisung einer Polygonquelle

2.4.2.5 Frequenzmodulierte Sinusquelle SFFM

Die FM – Quelle besteht aus einer sinusförmig frequenzmodulierten Sinusquelle mit Offset (SFFM = $\underline{s}$ingle-$\underline{f}$requency $\underline{f}$requency $\underline{m}$odulation) und mit folgender Zeitabhängigkeit:

$$u_{name}(t) = u_o + u_a \sin(\, 2\pi f_c\, t \; + \; m_i \sin(\, 2\pi f_s\, t)\,)$$

Elementanweisung der FM -Quelle :

$$\text{Vname} \quad kn_a \quad kn_b \quad \mathbf{SFFM}(\, u_o \quad u_a \quad \langle f_c \rangle \quad m_i \quad \langle f_s \rangle \,)$$

Parameter	Formelzeichen/Einheit	SPICE – Ersatzwert
Offset	u_o / V	–
Amplitude	u_a / V	–
Trägerfrequenz	f_c / Hz	$1 / t_{stop}$
Modulationsindex	m_i	–
Signalfrequenz	f_s / Hz	$1 / t_{stop}$

Tab. 2.4.5 : Parameterliste der FM - Quelle

Beispiel : FM – Quelle vom Knoten 2 zum Knoten 3 mit $u_o=0$, $u_a = 1mV$, $f_c = 20kHz$, $m_i = 5$, $f_s = 1kHz$:

Elementanweisung :   V1 2 3 SFFM(0 1M 20K 5 1K)

2.4.3 Kleinsignal - Wechselquelle AC

Bei der Kleinsignal - Wechselstromanalyse (.AC - Analyse , siehe Kap. 3.4)
dienen cosinusförmige gleichfrequente Kleinsignal - Wechselquellen in Form
komplexer Amplituden als Signalquellen in der im Gleichstromarbeitspunkt
linearisierten nichtlinearen Schaltung.

Elementanweisung der Kleinsignal - Wechselspannungsquelle :

    Vname kn_a kn_b AC $\langle u_a \langle \varphi \rangle \rangle$

Parameter	Formelzeichen/Einheit	SPICE - Ersatzwert
Betrag der komplexen Spannungsamplitude	u_a / V	1
Phase der komplexen Spannungsamplitude	φ / grad	0

Tab. 2.4.6 : Parameterliste der Kleinsignal - Wechselspannungsquelle

Die Kleinsignal - Wechselspannungsquelle hat

die Zeitfunktion $u_{name}(t) = u_a \cos(2\pi f t + \varphi)$

und die komplexe Amplitude $U_{name} = u_a \, e^{j\varphi}$.

Die Frequenz der Kleinsignal - Wechselquelle wird auf der .AC - Steueranweisung (siehe Kap. 3.4) spezifiziert.

Beispiel : Kleinsignal - Wechselspannungsquelle u_{HF} vom Knoten 1 zum Knoten 3
mit der komplexen Amplitude $U_{HF} = 0,33 \, e^{j\pi/4}$ mV .

    Elementanweisung :   VHF 1 3 AC Ø.33M 45

2.4.4 Kombinierte Quellen

Quellen können aus je einer Gleichquelle, zeitabhängigen Großsignalquelle und Kleinsignal - Wechselquelle kombiniert werden. Sind gleichzeitig Gleichquelle und zeitabhängige Großsignalquelle vorhanden, hat die Gleich- quelle keine Wirkung.

Elementanweisungen von drei verschiedenen kombinierten Quellen :

```
VIN  13  2  DC  3  AC  1Ø
IQU   3  1  AC  Ø.3  45  SIN( 1  Ø.5 )
VO    1  Ø  2  AC
```

Die letzte Quelle hat einen Gleichspannungsanteil von 2 V und eine Kleinsignalwechselspannungsamplitude von 1V.

2.5 Halbleiterelemente

SPICE besitzt gemäß Tab. 2.5.1 Modelle für vier verschiedene Halbleitertypen:

Kennbuchstabe der Elementanweisung	Halbleitertyp
D	Diode
Q	Bipolartransistor
J	Sperrschicht - Feldeffekttransistor
M	MOS - Feldeffekttransistor

Tab. 2.5.1 : In SPICE simulierbare Halbleiterelemente
mit Kennbuchstaben für die Elementanweisung

Da in einer Schaltung häufig mehrere Halbleiterelemente der gleichen Modellart vorkommen, werden zur Programmverkürzung auf der Halbleiterelementanwei-
sung neben dem Elementnamen nur die Knotennummern der Anschlüsse und der Name
des Halbleitermodells, zu dem das Element gehört, programmiert; in einer
speziellen .MODEL - Anweisung werden die Parameterwerte des Halbleitermodells
spezifiziert.   Zusätzlich können auf den Halbleiterelementanweisungen noch
optionale Geometriefaktoren und Anfangsbedingungen programmiert werden.   Mit
den Geometriefaktoren erhält man unterschiedlich große Elemente des gleichen
Modells.   Zur Verbesserung der Konvergenz der Gleichstromarbeitspunktsanalyse (siehe Kap. 3.2.5) bei Schaltungen, die mehr als einen stabilen Zustand
besitzen, kann einem Halbleiterelement die Anfangsbedingung OFF zugeteilt
werden: Zu Beginn der Gleichstromarbeitspunktsanalyse werden dann die
Klemmenspannungen der Halbleiterelemente mit OFF - Option auf Null gesetzt
bis die Analyse konvergiert; dann wird bei aufgehobener OFF - Option weiter
iteriert, bis die genauen Klemmenspannungen erreicht sind. Wenn eine
Schaltung mehrere stabile Arbeitspunkte besitzt, kann man mit der OFF -
Option einen speziellen Arbeitspunkt erzwingen.   Siehe hierzu auch Kap.
3.2.5 . Eine zweite Anfangsbedingung kann im IC - Feld der Halbleiterele-
mentanweisung für den Beginn der Einschwinganalyse spezifiziert werden,
siehe hierzu auch Kap. 3.3.1. Falls der Benutzer mittels der TNOM - Option
die Nominaltemperatur nicht geändert hat (siehe Kap. 6), gelten alle Parameterwerte auf der .MODEL - Anweisung bei einer Kristalltemperatur
$T_o = 300,15$ K   bzw. $\vartheta_o = 27$ ^oC .

In Tab. 2.5.2 sind die sieben Arten von Halbleitermodellen aufgelistet, die auf einer .MODEL - Anweisung programmiert werden können.

Kennwort der
Modellart   Modellart

Kennwort der Modellart	Modellart
D	Diode
NPN	NPN-Transistor
PNP	PNP-Transistor
NJF	N-Kanal-Sperrschicht-Feldeffekt-Transistor
PJF	P-Kanal-Sperrschicht-Feldeffekt-Transistor
NMOS	N-Kanal-MOS-FET
PMOS	P-Kanal-MOS-FET

Tab. 2.5.2 : Die sieben Arten von Halbleitermodellen
mit Kennwörtern für die .MODEL - Anweisung

2.5.1 Diode D

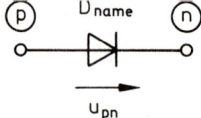

Bild 2.5.1 : Schaltbild zur Programmierung
der Diode

Elementanweisung der Diode :

   Dname kn_p kn_n mname <fläche> < OFF >   < IC=u_{pn} >

Das erste Namenfeld Dname muß mit einem D als Kennbuchstaben für die Diode beginnen, gefolgt von einem beliebigen Namen der Diode. kn_p ist die Knotennummer der P - Seite (Anode) , kn_n ist die Knotennummer der N - Seite (Katode). mname ist der Name des Diodenmodells, das die elektrischen Eigenschaften der Diode in einer gesonderten Modellanweisung beschreibt, siehe unten. Der Flächenfaktor im Feld <fläche> gibt an, wie vielen paral-lelgeschalteten Dioden des Typs mname die Diode Dname äquivalent ist. Der Ersatzwert für <fläche> ist 1 . Zur OFF - Option siehe Kap. 2.5 . Für die Einschwinganalyse kann im IC - Feld der Anfangswert der Diodenspannung u_{pn} angegeben werden.

Modellanweisung der Diode :

.MODEL mname D (<$pname_1$ = $pwert_1$> <$pname_2$ = $pwert_2$> <usw>)

Die Modellanweisung beginnt mit .MODEL. Das zweite Feld enthält einen beliebigen vom Benutzer wählbaren Modellnamen mname, der mit einem beliebigen Buchstaben beginnen muß und der auch in denjenigen Elementanweisungen zitiert wird, die die Eigenschaften des Modells mname besitzen sollen. Der obligatorische Kennbuchstabe **D** gibt an, daß es sich bei dem Modell um eine Halbleiterdiode handelt. Im letzten, mit runden Klammern eingegrenzten Feld können bis zu 14 verschiedene Diodenparameter nach Tab. 2.5.3 spezifiziert werden. Dabei wird der Parametername $pname_i$ durch ein Gleichheitszeichen mit dem zugehörigen Parameterwert $pwert_i$ verbunden. Parameter, deren Wert der Benutzer nicht kennt, werden weggelassen. Ihnen ordnet SPICE automatisch die in Tab. 2.5.3 angegebenen sinnvollen Ersatzwerte zu.

Nr.	pname	Parameter	Formelz./ Einheit	Ersatz- wert	Fläche
1	IS	Sperrsättigungsstrom	I_S /A	10^{-14}	*
2	RS	Bahnwiderstand	R_S /Ohm	0	*
3	N	Emissionskoeffizient	n	1	
4	TT	Minoritätsträgerlebensdauer	τ /s	0	
5	CJO	Null - Sperrschichtkapazität	C_{jo}/F	0	*
6	VJ	Diffusionsspannung	V_j /V	1	
7	M	Gradationsexponent	m	0.5	
8	EG	Bandabstandsspannung	E_g /V	1.11	
9	XTI	I_S - Temperaturexponent	X_{TI}	3	
10	KF	Funkelrauschkoeffizient	k_F	0	
11	AF	Funkelrauschexponent	a_F	1	
12	FC	C_j - Koeffizient im Durchlaßber.	f_c	0.5	
13	BV	Durchbruchsspannung	B_V /V	∞	
14	IBV	Strom bei B_V	I_{BV}/A	10^{-3}	

Tab. 2.5.3 : Parameter des Diodenmodells

Der Flächenfaktor auf der Elementanweisung beeinflußt die durch * gekennzeichneten Parameter I_S , R_S und C_{jo} .   In Kap. 4.1 wird das Diodenmodell
ausführlich erläutert.

<u>1. Beispiel</u> : Diode D_5 mit SPICE - Ersatzmodell INT

   <u>Elementanweisungen</u> :   D5 3 2 INT
                         .MODEL INT D

<u>2. Beispiel</u> : Diode D_{schalt} vom Typ BAY41 mit Elementanweisungen

    DSCHALT 1 2 BAY41
    .MODEL BAY41 D(IS=63P RS=Ø.36 N=1.3 TT=13.4N CJO=3.78P VJ=Ø.7
    + M=Ø.164 EG=Ø.834)

2.5.2 Bipolartransistor Q

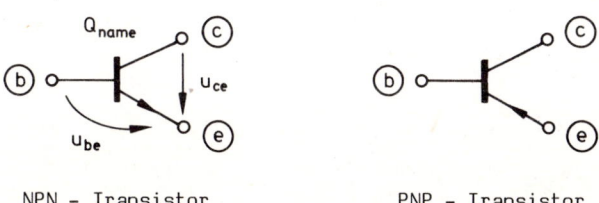

NPN - Transistor   PNP - Transistor

<u>Bild 2.5.2</u> : Schaltbilder zur Programmierung des Bipolartransistors

Elementanweisung des Bipolartransistors :

   Qname kn_c kn_b kn_e $\langle kn_s \rangle$ mname $\langle$fläche$\rangle$ $\langle$OFF$\rangle$ $\langle$ IC= u_{be} , u_{ce} $\rangle$

Man beachte die obligatorische Knotenreihenfolge c , b , e (Collector,
Basis, Emitter). kn_s ist die Knotennummer des Transistorsubstrats; wird
kn_s nicht spezifiziert, nimmt SPICE die Nummer O für den Substratknoten an.
Der Name des Transistormodells mname muß mit einem beliebigen Buchstaben
beginnen; es wird auf einer gesonderten Modellanweisung beschrieben.   Der
Flächenfaktor ⟨fläche⟩ gibt die Zahl der parallelgeschalteten Transistormo-
delle an (Ersatzwert 1) ; zur OFF - Option siehe Kap. 2.5 . Die Anfangsspannungen für die Einschwinganalyse sind u_{be} und u_{ce} .

Modellanweisung des Bipolartransistors :

   .MODEL   mname   art ($\langle pname_1 = wert_1 \rangle$ $\langle pname_2 = wert_2 \rangle$ ⟨usw⟩)

Im art - Feld wird die Transistorart NPN oder PNP angegeben.   Im übrigen
siehe die Anmerkungen zur Modellanweisung der Diode.   Es können 40 verschiedene Modellparameter entsprechend Tab. 2.5.4 spezifiziert werden.   Die
durch * gekennzeichneten Parameter werden von dem Flächenfaktor auf der
Elementanweisung des Transistors beeinflußt. In Kap. 4.2 werden das Transistormodell und die Bedeutung seiner Parameter ausführlich erläutert.

Nr.	pname	Parameter	Formelz./Einheit	Ersatzwert	Fläche
1	IS	Transport - Sättigungsstrom	I_S /A	10^{-16}	*
2	BF	Ideale max. Vorwärtsstromverstärkung	B_F	100	
3	NF	Vorwärts - Emissionskoeffizient	n_F	1	
4	VAF	Vorwärts - Early - Spannung	V_{AF} /V	∞	
5	IKF	Oberer Knickstrom der Vorw.stromverst.	I_{KF} /A	∞	*
6	ISE	BE - Leck - Sättigungsstrom	I_{SE} /A	0	*
7	NE	BE - Leck - Emissionskoeffizient	n_E	1.5	
8	BR	Ideale max. Rückwärtsstromverstärkung	B_R	1	
9	NR	Rückwärts - Emissionskoeffizient	n_R	1	
10	VAR	Rückwärts - Early - Spannung	V_{AR} /V	∞	
11	IKR	Ober. Knickstrom d. Rückw.stromverst.	I_{KR} /A	∞	*
12	ISC	BC - Leck - Sättigungsstrom	I_{SC} /A	0	*
13	NC	BC - Leck - Emissionskoeffizient	n_C	2	
14	RB	Null - Basisbahnwiderstand	R_B /Ohm	0	*
15	IRB	Oberer Knickstrom d. Basisbahnwiderst.	I_{RB} /A	∞	*
16	RBM	Minim. Basisbahnwid. bei hohem Strom	R_{Bm} /Ohm	RB	*
17	RE	Emitterbahnwiderstand	R_E /Ohm	0	*
18	RC	Kollektorbahnwiderstand	R_C /Ohm	0	*
19	CJE	Null - BE - Sperrschichtkapazität	C_{jEo}/F	0	*
20	VJE	BE - Diffusionsspannung	V_{jE} /V	0.75	
21	MJE	BE - Gradationsexponent	m_{jE}	0.33	
22	TF	Ideale Vorwärts - Transitzeit	τ_F /s	0	
23	XTF	Kollektorstromkoeffizient von τ_F	$X_{\tau F}$/s	0	
24	VTF	Kollektorspannungskoeffizient von τ_F	$V_{\tau F}$/V	∞	
25	ITF	Hochstromparameter von τ_F	$I_{\tau F}$/A	0	*
26	PTF	Zusatzphase d. Steilh. bei Transitfrq.	$\varphi_{\tau F}$/grad	0	
27	CJC	Null - BC - Sperrschichtkapazität	C_{jCo}/F	0	*
28	VJC	BC - Diffusionsspannung	V_{jC} /V	0.75	
29	MJC	BC - Gradationsexponent	m_{jC}	0.33	
30	XCJC	Teil von C_{jC} zum inneren Basisknoten	X_{CjC}	1	
31	TR	Ideale Rückwärts - Transitzeit	τ_R /s	0	
32	CJS	Null - CS - Sperrschichtkapazität	C_{jSo}/F	0	*
33	VJS	CS - Diffusionsspannung	V_{jS} /V	0.75	
34	MJS	CS - Gradationsexponent	m_{jS}	0	

Tab. 2.5.4 : Parameter des Bipolartransistor - Modells

Nr.	pname	Parameter	Formelz./ Einheit	Ersatz- wert	Fläche
35	XTB	Temperaturexponent der Stromverstärk.	X_{TB}	0	
36	EG	Bandabstandsspannung	E_g /V	1.11	
37	XTI	Temperaturexponent von I_S	X_{TI}	3	
38	KF	Funkelrauschkoeffizient	k_F	0	
39	AF	Funkelrauschexponent	a_F	1	
40	FC	C_j – Koeffizient für Durchlaßbereich	f_c	0.5	

Tab. 2.5.4 : Parameter des Bipolartransistor - Modells
(Fortsetzung und Schluß)

Beispiele :

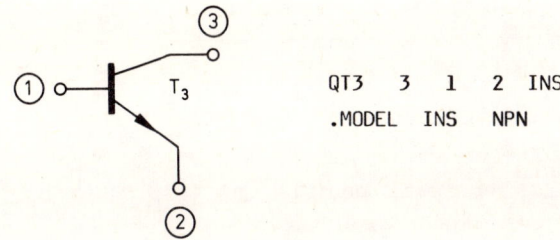

QT3   3   1   2   INS
.MODEL   INS   NPN

Bild 2.5.3 : NPN - Transistor T_3 mit SPICE - Ersatzwerten,
Element- und Modell- Anweisungen

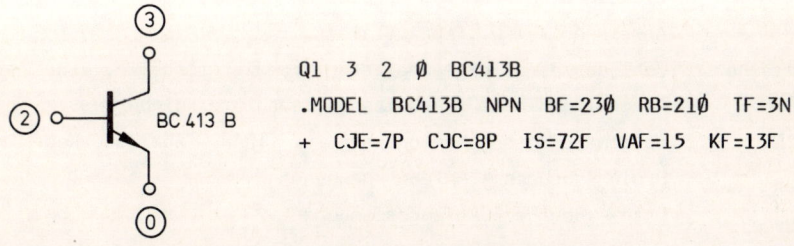

Q1   3   2   Ø   BC413B
.MODEL   BC413B   NPN   BF=23Ø   RB=21Ø   TF=3N
+   CJE=7P   CJC=8P   IS=72F   VAF=15   KF=13F

Bild 2.5.4 : NPN - Transistor BC413B mit Element- und Modell - Anweisungen

71

2.5.3 Sperrschicht - Feldeffekttransistor   J

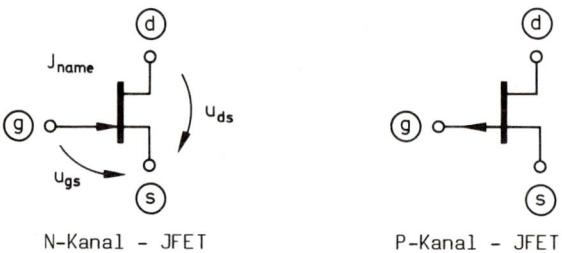

N-Kanal - JFET   P-Kanal - JFET

<u>Bild 2.5.5</u> : Schaltbilder zur Programmierung des Sperrschicht - FET

<u>Elementanweisung des Sperrschicht - Feldeffekttransistors :</u>

Jname kn_d kn_g kn_s mname   <fläche>   <OFF>   < IC= u_{ds} , u_{gs} >

In der Elementanweisung des JFET bedeuten

Jname	beliebiger Transistorname, der mit **J** (<u>j</u>unction) beginnen muß,
kn_d	Knotennummer des Drain - Anschlusses,
kn_g	Knotennummer des Gate - Anschlusses,
kn_s	Knotennummer des Source - Anschlusses,
mname	beliebiger Modellname, der mit einem Buchstaben beginnen muß;
	die Eigenschaften des Modells mname werden auf einer **.MODEL** -
	Anweisung, s. u., spezifiziert,
<fläche>	Zahl der parallelgeschalteten Transistormodelle, Ersatzwert 1
<OFF>	Abschaltoption für Arbeitspunktsanalyse, siehe Kap. 2.5 ,
<IC=	optionale Anfangsbedingungen für **.TRAN** - Analyse, Kap. 3.3 ,
u_{ds}	Drain - Source - Anfangsspannung
u_{gs}	Gate - Source - Anfangsspannung

In der **.MODEL** - Anweisung des JFET, s.u. , können die in Tab. 2.5.5 aufgelisteten zwölf verschiedenen Modellparameter spezifiziert werden.

Nr.	pname	Parameter	Formelz./ Einheit	Ersatz- wert	Fläche
1	VTO	Abschnürspannung	V_{To} /V	-2	
2	BETA	Übertragungsleitwert - Parameter	$ß$ /AV^{-2}	10^{-4}	*
3	LAMBDA	Kanallängen-Modulations - Parameter	λ /V^{-1}	0	
4	RD	Drain - Bahnwiderstand	R_D /Ohm	0	*
5	RS	Source - Bahnwiderstand	R_S /Ohm	0	*
6	CGS	Null - GS - Sperrschichtkapazität	C_{GSo}/F	0	*
7	CGD	Null - GD - Sperrschichtkapazität	C_{GDo}/F	0	*
8	PB	Gate-Sperrschicht-Diffusionsspannung	Φ_B /V	1	
9	IS	Gate - Sperrsättigungsstrom	I_S /A	10^{-14}	*
10	KF	Funkelrausch - Koeffizient	k_F	0	
11	AF	Funkelrausch - Exponent	a_F	1	
12	FC	C_j - Koeffizient für Durchlaßbereich	f_c	0.5	

Tab. 2.5.5 : Modellparameter des Sperrschicht - Feldeffekttransistors

Der Flächenfaktor auf der Elementanweisung beeinflußt die in Tab. 2.5.5 durch
* gekennzeichneten Parameter.   In Kap 4.3 wird das JFET - Modell ausführlich
erläutert.

Modellanweisung des Sperrschicht - Feldeffekttransistors :

    .MODEL mname art (<pname$_1$ = wert$_1$> <pname$_2$ = wert$_2$> <usw>)

mit	Modellart	art	Tab. 2.5.6 :
			Modellarten mit Kennwörtern
	N-Kanal-JFET	NJF	für .MODEL - Anweisung des JFET
	P-Kanal-JFET	PJF	

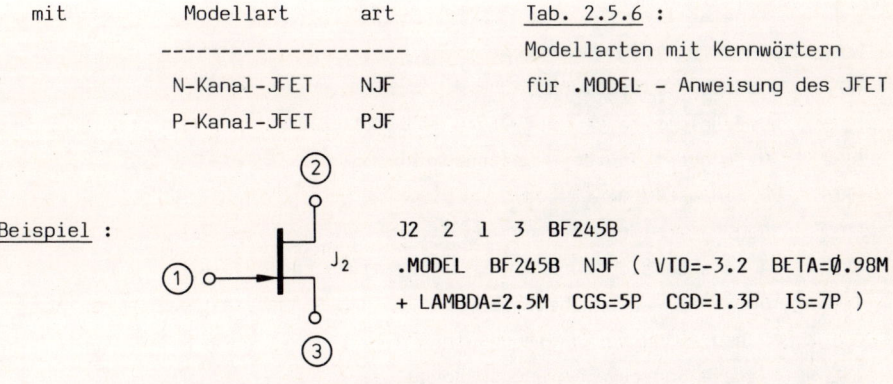

Beispiel :

J2 2 1 3 BF245B
.MODEL BF245B NJF (VTO=-3.2 BETA=0.98M
+ LAMBDA=2.5M CGS=5P CGD=1.3P IS=7P)

Bild 2.5.6 : N-Kanal-JFET J$_2$ mit Transistormodell BF245B

2.5.4 MOS - Feldeffekttransistor M

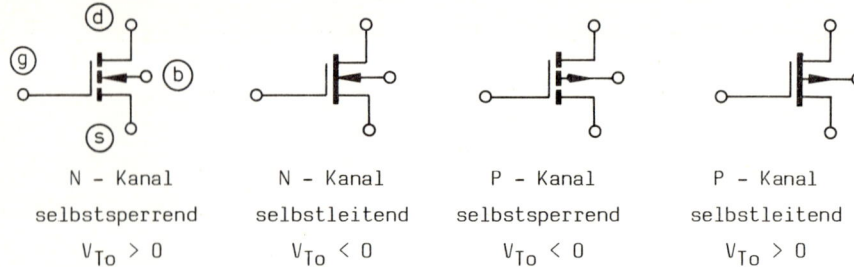

N - Kanal	N - Kanal	P - Kanal	P - Kanal
selbstsperrend	selbstleitend	selbstsperrend	selbstleitend
$V_{To} > 0$	$V_{To} < 0$	$V_{To} < 0$	$V_{To} > 0$

Bild 2.5.7 : Die vier Arten von MOS - Feldeffekttransistoren

Elementanweisung des MOS - Feldeffekttransistors :

Mname kn_d kn_g kn_s kn_b mname <L=$wert_l$> <W=$wert_w$> <AD=$wert_{ad}$>
+ <AS=$wert_{as}$> <PD=$wert_{pd}$> <PS=$wert_{ps}$> <NRD=$wert_{nrd}$> <NRS=$wert_{nrs}$>
+ <OFF> < IC= u_{ds} , u_{gs} , u_{bs} >

In der Elementanweisung des MOS - FETs bedeuten :

Mname	beliebiger, mit M beginnender Transistorname,		
kn_d	Knotennummer des Drain - Anschlusses,		
kn_g	Knotennummer des Gate - Anschlusses,		
kn_s	Knotennummer des Source - Anschlusses,		
kn_b	Knotennummer des Substrat(bulk) - Anschlusses,		
mname	beliebiger, mit Buchstaben beginnender Modellname,		Ersatzwert
L	Kanallänge	L /m	100 um
W	Kanalbreite	W /m	100 um
AD	Drain - Diffusionsfläche	A_D/m^2	0
AS	Source - Diffusionsfläche	A_S/m^2	0
PD	Umfang(perimeter) der Drain - Sperrschicht	P_D/m	0
PS	Umfang der Source - Sperrschicht	P_S/m	0
NRD	Drain - Flächenfaktor	n_{RD}	1
NRS	Source - Flächenfaktor	n_{RS}	1
OFF	Abschaltoption für DC - Analyse, siehe Kap. 2.5 ,		
IC=	optionale Anfangsbedingungen für TRAN - Analyse, siehe Kap. 3.3 ,		
u_{ds}	Drain - Source - Anfangsspannung		
u_{gs}	Gate - Source - Anfangsspannung		
u_{bs}	Substrat - Source - Anfangsspannung	.	

Für die Größen L , **W** , AD , AS kann der Benutzer mit der .OPTIONS - Anweisung (siehe Kap. 6) auch andere Ersatzwerte spezifizieren. NRD und NRS multiplizieren den auf der .MODEL - Anweisung spezifizierten Flächenwiderstand zur genauen Simulation der parasitären Drain- und Source- Serienwiderstände.

Modellanweisung des MOS - Feldeffekttransistors :

.MODEL mname art (<$pname_1 = wert_1$> <$pname_2 = wert_2$> <usw>)

mit   Modellart   art   Tab. 2.5.7 :
                 ----------------------.   Modellarten mit Kennwörtern
                 N-Kanal-MOSFET   NMOS   für die .MODEL - Anweisung des
                 P-Kanal-MOSFET   PMOS   MOS - Feldeffekttransistors

Nr.	pname	Parameter	Formelz./ Einheit		Ersatz- wert
1	LEVEL	Art des Simulationsmodells (1 , 2 oder 3)			1
2	VTO	Null - Schwellenspannung	V_{To}	/V	0
3	KP	Übertragungsleitwert - Parameter	K_p	/AV^{-2}	$2 \cdot 10^{-5}$
4	GAMMA	Substrat - Schwellenspannungs - Parameter	γ	/V$^{1/2}$	0
5	PHI	Oberflächenpotential	Φ	/V	0.6
6	LAMBDA	Kanallängen - Modulations - Parameter	λ	/V^{-1}	0
7	RD	Drain - Bahnwiderstand	R_D	/Ohm	0
8	RS	Source - Bahnwiderstand	R_S	/Ohm	0
9	CBD	Null - BD - Sperrschichtkapazität	C_{Bdo}	/F	0
10	CBS	Null - BS - Sperrschichtkapazität	C_{Bso}	/F	0
11	IS	Substrat - Sperrsättigungsstrom	I_S	/A	10^{-14}
12	PB	Substrat - Sperrschicht - Diffusionsspannung	Φ_B	/V	0.8
13	CGSO	GS - Überlappungskapazität / Kanalbreite	C'_{Gso}	/Fm^{-1}	0
14	CGDO	GD - Überlappungskapazität / Kanalbreite	C'_{Gdo}	/Fm^{-1}	0
15	CGBO	GB - Überlappungskapazität / Kanallänge	C'_{GBo}	/Fm^{-1}	0
16	RSH	Diffus.flächenwiderst. von Drain u. Source	R_{sh}	/Ohm	0
17	CJ	Null-Substratbodenkapaz./Sperrschichtfläche	C'_j	/Fm^{-2}	0

Tab. 2.5.8 : Modellparameter des MOS - Feldeffekttransistors

Nr.	pname	Parameter	Formelz./ Einheit		Ersatz- wert
18	MJ	Substratboden-Sperrsch.-Gradationsexponent	m_j		0.5
19	CJSW	Null-Substrat-Seitenwandkap./Sperrsch.umfang	C'_{jsw}	$/Fm^{-1}$	0
20	MJSW	Substratseitenwand-Sperrsch.-Gradationsexp.	m_{jsw}		0.33
21	JS	Substrat - Sperrsättigungsstromdichte	J_S	$/Am^{-2}$	
22	TOX	Oxiddicke	t_{ox}	$/m$	10^{-7}
23	NSUB	Substrat - Dotierungsdichte	N_{sub}	$/cm^{-3}$	0
24	NSS	Oberflächenladungsdichte - Koeffizient	N_{ss}	$/cm^{-2}$	0
25	NFS	schnelle Oberflächendichte	N_{fs}	$/cm^{-2}$	0
26	TPG	Typ des Gate-Materials (1 , -1 oder 0)			1
27	XJ	metallurgische Sperrschichttiefe	x_j	$/m$	0
28	LD	Gate - Diffusionsüberlappung	L_D	$/m$	0
29	UO	Oberflächenbeweglichkeit	$u_o / cm^2 V^{-1} s^{-1}$		600
30	UCRIT	Krit. Feldst. für Bewegl.vermind.(LEVEL=2)	U_{crit}	$/Vcm^{-1}$	10^4
31	UEXP	Exponent von U_{crit} (LEVEL=2)	u_{exp}		0
32	UTRA	Koeff. für Bewegl. im Transv.feld (LEVEL=2)	u_{tra}		0
33	VMAX	Maximale Träger - Driftgeschwindigkeit	v_{max}	$/ms^{-1}$	0
34	NEFF	Koeff. der gesamten Kanalladung (LEVEL=2)	n_{eff}		1
35	XQC	Drain - Kanalladungs - Koeffizient	x_{qc}		1
36	KF	Funkelrausch - Koeffizient	k_F		0
37	AF	Funkelrausch - Exponent	a_F		1
38	FC	Koeff. für Durchlaßb. der Sperrsch.kapaz.	f_c		0.5
39	DELTA	Breitenkoeff. für Schwellenspann. (LEVEL=3)	δ		0
40	THETA	Beweglichkeitsmodulations-Param. (LEVEL=3)	ϑ	$/V^{-1}$	0
41	ETA	statische Rückkopplung (LEVEL=3)	η		0

Tab. 2.5.8 : Modellparameter des MOS - Feldeffekttransistors
(Fortsetzung und Schluß)

In Kap. 4.4   werden die MOSFET - Modelle ausführlich erläutert. In Kap. 7.5
wird ein CMOS - Operationsverstärker dimensioniert und analysiert.

3 Analysearten

Es können beliebige lineare oder nichtlineare Schaltungen, die aus den in Kap. 2 beschriebenen Elementen aufgebaut sind, berechnet werden. Jede gewünschte Analyseart wird auf einer eigenen Steueranweisung spezifiziert. Eine Steueranweisung beginnt mit einem . (Punkt) , unmittelbar gefolgt von einem Kennwort.

Kennwort	Analyseart / Funktion	Kap.-Nr.
.OP	Gleichstrom - Arbeitspunkt	3.2.1
.DC	Gleichstrom - Kennlinie	3.2.2
.TF	Gleichstrom - Kleinsignalparameter	3.2.3
.SENS	Gleichstrom - Empfindlichkeiten	3.2.4
.NODESET	Gleichstrom - Anfangsbedingungen	3.2.5
.TRAN	Einschwinganalyse	3.3
.IC	Einschwing - Anfangsbedingungen	3.3.1
.FOUR	Fourieranalyse	3.3.2
.AC	Wechselstrom - Kleinsignalanalyse	3.4
.DISTO	Kleinsignal - Verzerrungsanalyse	3.5
.NOISE	Kleinsignal - Rauschanalyse	3.6
.TEMP	Temperaturanalyse	3.7
.PRINT	Tabellarische Ergebnisausgabe	3.1
.PLOT	Plot - Ausgabe	3.1
.WIDTH	Formatsteuerung	3.1.1
.ALTER	Parametervariation	3.8
.OPTIONS	Optionen für die SPICE - Analyse	6

Tab. 3.0.1 : Analysearten und ihre Kennwörter

3.1 Ergebnisausgabe .PRINT , .PLOT

Die zu berechnenden Ausgangsvariablen der Schaltung sowie Art und Form der Ergebnisausgabe werden in den .PRINT - oder .PLOT - Anweisungen festgelegt.

Allgemeine Form der Ergebnisanweisung :

.form analyseart ausvar$_1$ < ausvar$_2$ <usw <ausvar$_8$>>>

Im ersten Feld wird nach Tab. 3.1.1 die Form der Ergebnisausgabe bestimmt.

.form   Ergebnisausgabe als   Tab.3.1.1 : Die beiden
-------------------------------   Ergebnisausgabemöglichkeiten
.PRINT   Tabelle   und ihre Kennwörter
.PLOT   Plot (s.u.)

Im zweiten Feld wird nach Tab. 3.1.2 die Analyseart des Ergebnisses angegeben.

analyseart	Bedeutung
DC	Gleichstrom - Kennlinie
TRAN	Einschwinganalse
AC	Wechselstrom - Kleinsignalanalyse
DISTO	Verzerrungsanalyse
NOISE	Rauschanalyse

Tab. 3.1.2 : Die Kennwörter für analyseart in der Ergebnisanweisung
            und ihre Bedeutung

In den letzten Feldern ausvar$_1$ bis ausvar$_8$ können bis zu acht Ausgangsvariable spezifiziert werden.   Benötigt man mehr als acht Ausgangsvariable, können beliebig viele Ergebnisanweisungen mit je maximal acht Ausgangsvariablen auf einander folgen.   Für jede Analyseart müssen eigene Ergebnisanweisungen angelegt werden.
Die Ausgangsvariablen werden bei den verschiedenen Analysearten unterschiedlich angegeben.   Bei der .DC - und .TRAN - Analyse werden die Ausgangsvariablen entsprechend Tab. 3.1.3   spezifiziert.

Art der Ausgangsvariablen ausvar$_i$

Ausgangsspannung V(knoten$_a$ $<$,knoten$_b$$>$)
Ausgangsstrom I(Vname)

Tab. 3.1.3 : Spezifizierung von Ausgangsvariablen auf der
Ergebnisanweisung bei der .DC - und .TRAN - Analyse

Die Ausgangsspannung (ohne Namen !) wird vom Knoten a zum Knoten b gezählt.
Der Ersatzwert für $<$,knoten$_b$$>$ ist der Bezugsknoten Null. Der Zweig eines
Ausgangsstroms in der Schaltung wird durch eine unabhängige Spannungsquelle
Vname beschrieben, in deren ersten Knoten er positiv, hineinfließend
gezählt wird. Vname muß auf einer getrennten Elementanweisung beschrieben
sein; Vname kann auch den Wert Null haben, d.h. als Kurzschluß wirken.

Bei der .AC - Analyse werden die Ausgangsvariablen entsprechend Tab. 3.1.4
spezifiziert.

Art der Ausgangsvariablen	Formelzeichen	ausvar$_i$
Komplexe Ausgangs - Spannungsamplitude	V_{ab}	-
Realteil	Re V_{ab}	VR(kn$_a$ $<$,kn$_b$$>$)
Imaginärteil	Im V_{ab}	VI(kn$_a$ $<$,kn$_b$$>$)
Betrag	$|V_{ab}|$	VM(kn$_a$ $<$,kn$_b$$>$)
Phase in Grad	arc V_{ab}	VP(kn$_a$ $<$,kn$_b$$>$)
Betrag in Dezibel	$20 \log_{10} |V_{ab}|$	VDB(kn$_a$ $<$,kn$_b$$>$)
Komplexe Ausgangs - Stromamplitude	I	-
Realteil	Re I	IR(Vname)
Imaginärteil	Im I	II(Vname)
Betrag	$|I|$	IM(Vname)
Phase	arc I	IP(Vname)
Betrag in Dezibel	$20 \log_{10} |I|$	IDB(Vname)

Tab. 3.1.4 : AC - Ausgangsvariable auf der Ergebnisanweisung

Die Bezugsrichtungen für V_{ab} und I sind die gleichen wie bei DC - und TRAN -
Ausgabe. Zur DISTO - und NOISE - Ergebnisausgabe siehe Kap. 3.5 und 3.6 .

79

Beispiele für .PRINT - Anweisungen :

```
.PRINT  DC   V(2)  I(VQUELLE)  V(23,17)
.PRINT  TRAN V(4)  I(VIN)
.PRINT  AC   VM(1) VP(1) VDB(1) VR(1) VI(1) VM(2,3) IDB(V4) VM(4)
```

Einzelheiten zur .PLOT - Ausgabe :

Bei der .PLOT - Ausgabe werden die Ergebnisse als Punkte in einem rechtwink-
ligen Koordinatensystem ausgedruckt. Für jede Ausgangsvariable können
untere und obere Plot - Grenzen min und max vorgeschrieben werden:

Allgemeine Plot - Anweisung :

.PLOT analyseart $ausvar_1$ $<(min_1 , max_1)>$ $<ausvar_2$ $<(min_2 , max_2)>$ $<usw>>$

Ein Plotgrenzen - Paar gilt für alle links von ihm liegenden Ausgangsvariab-
len bis zum nächsten Plotgrenzen - Paar. Wenn keine Plotgrenzen spezifiziert sind, ermittelt SPICE automatisch Minimal - und Maximalwerte der
Ausgangsvariablen und die Achsenskalierung. Bei stark unterschiedlichen
Wertebereichen der Ausgangsvariablen werden im gleichen Plot verschiedene
Achsenskalierungen verwendet. Die Überlappung der Punkte zweier oder
mehrerer Kurven werden durch den Buchstaben X markiert. Von der ersten
Ausgangsvariablen $ausvar_1$ in einer .PLOT - Anweisung werden die Ergebnisse
links neben dem Plot in Tabellenform ausgedruckt. Die Ergebnisse aller
Ausgangsvariablen erhält man nur mit einer zusätzlichen .PRINT - Anweisung
tabellarisch ausgedruckt.

Beispiele für .PLOT - Anweisungen :

```
.PLOT  DC   V(4)  V(5)  V(1)
.PLOT  TRAN V(17,5)  V(17)  (0,10)  I(VIN)  (-5M,5M)
.PLOT  AC   VDB(2)  (-20,60)  VP(2)  (-180,180)
```

3.1.1 Steuerung des Ein- und Ausgabe - Formats   .WIDTH

Die Maximalzahlen von 80 Zeichen pro Eingabezeile und von 133 Zeichen pro Ausgabezeile können mit der **.WIDTH** - Anweisung verändert werden :

Steueranweisung des Ein - und Ausgabe - Formats :

    .WIDTH <IN=einzahl> <OUT=auszahl>

einzahl ist die maximale Zeichenzahl pro Eingabezeile, sie wird mit der nächsten eingelesenen Eingabezeile wirksam; ihr Ersatzwert ist 80 . auszahl ist die maximale Zeichenzahl der Ausgabezeile, sie kann von dem Ersatzwert 132 auf 80 gesetzt werden.   Dies erleichtert die Ergebnisausgabe auf üblichen Bildschirmen.

3.2 Gleichstromanalyse

Die Gleichstromanalyse einer Schaltung erfolgt bei weggelassenen Kapazitäten, bei kurzgeschlossenen Induktivitäten, bei Null gesetzten Kleinsignal-Wechselquellen und bei auf ihren Anfangswert u_0 bzw. i_0 gesetzten zeitabhängigen Quellen. Mit fünf verschiedenen Steueranweisungen können nach Tab. 3.2.1 Ablauf und Umfang der Gleichstromanalyse beeinflußt werden.

```
    Kennwort        Analyseart / Funktion          Kap.-Nr.
   -----------------------------------------------------------
     .OP            Gleichstrom - Arbeitspunkt        3.2.1
     .DC            Gleichstrom - Kennlinie           3.2.2
     .TF            Gleichstrom - Kleinsignalparameter 3.2.3
     .SENS          Gleichstrom - Empfindlichkeiten   3.2.4
     .NODESET       Gleichstrom - Anfangsbedingungen  3.2.5
```

Tab. 3.2.1 : Steueranweisungen für die Gleichstromanalyse

3.2.1 Gleichstrom - Arbeitspunkt   .OP

Steueranweisung für den Gleichstrom - Arbeitspunkt :   .OP

Eine Ausgabeanweisung für die Ergebnisse wird nicht benötigt.
Die .OP - Anweisung (OP = operating point) liefert

1. den Gleichstrom - Arbeitspunkt der Schaltung (SMALL-SIGNAL BIAS SOLU-
   TION , SSBS); er besteht aus

   - den Knoten - Gleichspannungen (gezählt zum Knoten Null),
   - den Gleichströmen, die in den ersten Knoten der unabhängigen
     Spannungsquellen hineinfließen (= VOLTAGE SOURCE CURRENTS),
   - der von den unabhängigen Quellen an die Schaltung abgegebenen
     Gleichstromleistung (= TOTAL POWER DISSIPATION),

2. die Gleichstrom - Arbeitspunkte der gesteuerten Quellen und der Halbleiterelemente mit ihren dort gültigen Kleinsignal - Parametern
   (= OPERATING POINT INFORMATION).

Die Gleichstromarbeitspunktsanalyse erfolgt automatisch vor einer .TF - Analyse (siehe Kap. 3.2.3), vor einer .SENS - Analyse (siehe Kap. 3.2.4), vor einer .AC - Analyse (siehe Kap. 3.4) und wenn überhaupt keine Analyseanweisung erfolgt. Bei Konvergenzschwierigkeiten siehe Kap. 3.2.5.

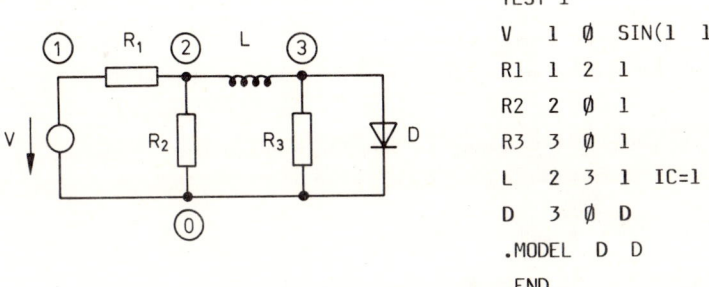

```
TEST 1
V    1  Ø  SIN(1 1)
R1   1  2  1
R2   2  Ø  1
R3   3  Ø  1
L    2  3  1  IC=1
D    3  Ø  D
.MODEL  D  D
.END
```

Bild 3.2.1 : Schaltung und SPICE - Programm für eine Arbeitspunktsanalyse;
als unabhängige Gleichspannungsquelle wirkt der 1V - Offset
der SIN - Quelle; der 1A - Anfangsstrom der Spule hat keine
Wirkung auf den Arbeitspunkt der Schaltung

3.2.2 Gleichstrom - Kennlinie .DC

Eine Kennlinie beschreibt die zu aufeinanderfolgenden Werten einer Eingangs-quelle xquelle gehörigen Werte einer Ausgangsvariablen.   In SPICE wird hierzu in einer .DC - Anweisung (DC = direct current) der Wertebereich der Eingangsquelle programmiert und auf einer Ergebnisanweisung die Ausgangsvariable und die Kennlinienausgabe spezifiziert.

Steueranweisung zur Gleichstromkennlinien - Analyse :

.DC xquelle start stop schritt <xquelle$_2$ start$_2$ stop$_2$ schritt$_2$>

Bei Spannungsquellen steht für x ein V und bei Stromquellen für x ein I . Der Rechner verändert schritt - weise den Wert der durch ihren Namen xquelle spezifizierten Gleichquelle vom start - Wert bis zum stop - Wert und berech-net mit Gleichstromanalyse für jeden Quellenwert die Gleichwerte der auf den

DC - Ergebnisanweisungen spezifizierten Ausgangsvariablen ausvar$_i$. xquelle muß außerdem auf einer Elementanweisung (siehe Kap. 2.4) beschrieben werden, wobei die Felder für Zeitverhalten und Wert entfallen können (aber nicht müssen). Der kleinste zulässige Schrittwert ist (stop - start)/200 , wenn er nicht mit der LIMPTS - Option (siehe Kap. 6) verändert wird. Optional kann eine zweite Eingangsquelle xquelle$_2$ mit Wertebereich und Schrittweite spezifiziert werden. In diesem Fall wird für jeden Wert der zweiten Quelle eine Kennlinie der ersten Quelle erzeugt, d.h. der Wert der zweiten Quelle ist der Parameter für die Kennlinie der ersten Quelle.

Anweisung zur Ausgabe von Gleichstromkennlinien :

     .form   DC   ausvar

(Näheres hierzu siehe Kap. 3.1)

Mit dem in Bild 3.2.2 gezeigten Analyseprogramm einer einfachen Z - Dioden - Stabilisierungsschaltung erhält man drei verschiedene Plots mit je einer Stabilisierungskennlinie $V_2(V_1)$ und je einer Diodenstromkennlinie $I_Z(V_1)$ in 20 Schritten im Bereich $0 \leq V_1/V \leq 30$ mit dem Laststrom $I_{Last}/mA = 0$, 20 , 40 als Parameter.

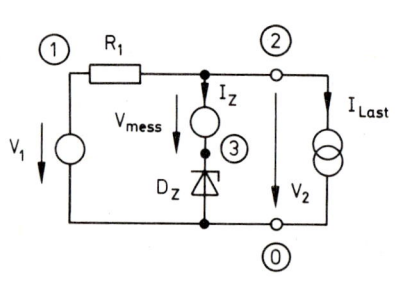

```
STABILISIERUNGS - KENNLINIE
V1  1  Ø
R1  1  2  47Ø
DZ  Ø  3  ZPD1Ø
.MODEL  ZPD1Ø  D  BV=1Ø  IBV=5M
ILAST  2  Ø
.DC  V1  Ø  3Ø  1.5  ILAST  Ø  4ØM  2ØM
.PLOT  DC  V(2)  (Ø,12)  I(VMESS)
VMESS  2  3
.END
```

Bild 3.2.2 : Stabilisierungsschaltung mit SPICE - Programm zur
              .DC - Kennlinienanalyse

Siehe auch Kap. 7.1 für ein weiteres Beispiel.

3.2.3 Gleichstrom - Kleinsignal - Vierpolparameter .TF

Mit der .TF - Anweisung (TF = transfer function) können drei verschiedene
Gleichstromkleinsignalparameter eines nichtlinearen Vierpols im Arbeitspunkt
der Schaltung berechnet werden.

Anweisung zur Berechnung der Gleichstrom - Kleinsignal - Vierpolparameter :

        .TF   ausvar   xquelle

ausvar ist die Definition der Ausgangsvariablen des Vierpols (Strom oder
Spannung, siehe Kap. 3.1) , und xquelle ist der Name der Eingangsquelle des
Vierpols.   Mit dieser Anweisung werden der Arbeitspunkt der Schaltung und
die folgenden drei differentiellen Gleichstrom - Kleinsignalparameter des
Vierpols berechnet :

$$\text{Übertragungsfaktor} = d\ \text{ausvar} / d\ \text{xquelle}$$

$$\text{Eingangswiderstand} = d\ \text{Eingangsspannung} / d\ \text{Eingangsstrom}$$
        (INPUT RESISTANCE)
$$\text{Ausgangswiderstand} = d\ \text{Ausgangsspannung} / d\ \text{Ausgangsstrom}$$
        (OUTPUT RESISTANCE)

Das d definiert Differentiale im Arbeitspunkt.   Der Ausgangswiderstand ist
der Kleinsignalgesamtwiderstand zwischen den Ausgangsklemmen des Vierpols.
Der Übertragungsfaktor kann ein Strom - oder Spannungsverhältnis, ein
Übertragungsleitwert oder ein Übertragungswiderstand sein.   Eine Anweisung
zur Ergebnisausgabe wird nicht benötigt.

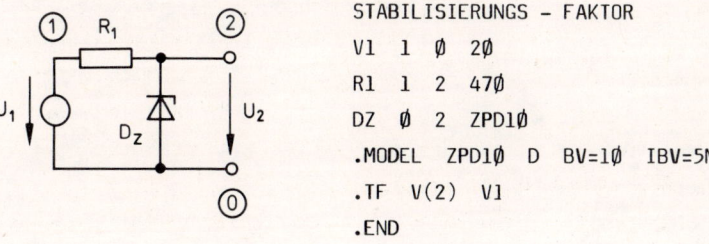

```
STABILISIERUNGS - FAKTOR
V1  1  Ø  2Ø
R1  1  2  47Ø
DZ  Ø  2  ZPD1Ø
.MODEL  ZPD1Ø  D  BV=1Ø  IBV=5M
.TF   V(2)  V1
.END
```

Bild 3.2.3 : Stabilisierungsschaltung und SPICE - Programm zur Berechnung
        der Kleinsignal - Vierpolparameter

Aus den Kleinsignal-Vierpolparametern und aus dem Arbeitspunkt von Bild 3.2.3 läßt sich leicht der Stabilisierungsfaktor S berechnen :

$$S = (dU_1 / U_1) / (dU_2 / U_2) = (U_2/U_1) / (dU_2 / dU_1) \quad .$$

Siehe auch Kap. 7.1 für ein weiteres Beispiel.

3.2.4 Gleichstrom - Empfindlichkeiten .SENS

Mit der .SENS - Anweisung (SENS = sensitivity) kann man den Einfluß von kleinen, quasistatischen Schaltungsparameterschwankungen auf Zweiggleich- spannungen und Zweiggleichströme im Arbeitspunkt der Schaltung berechnen. Quasistatische Schaltungsparameter sind   die unabhängigen Gleichquellen, Widerstände, gesteuerte Quellen und Halbleiter - Gleichstromparameter.

Steueranweisung zur Gleichstrom - Empfindlichkeitsanalyse :

   .SENS ausvar$_1$ <ausvar$_2$ <usw>>

ausvar ist eine Gleichspannung zwischen zwei Knoten der Schaltung oder ein Gleichstrom,   der in eine Spannungsquelle der Schaltung fließt; ausvar wird wie in Kap. 3.1 programmiert.   Man erhält als Ergebnis den Arbeitspunkt der Schaltung _und für jede in der .SENS -Anweisung spezifizierte Variable ausvar eine Liste mit den in Tab. 3.2.2 aufgeführten Größen. Eine besondere Anwei- sung zur Ergebnisausgabe wird nicht benötigt.

Größe	Formelzeichen	englischer Name
Schaltungsparameter	x_i	ELEMENT NAME
Wert von x_i		ELEMENT VALUE
partielle Ableitung	∂ ausvar $/\partial$ x_i	ELEMENT SENSITIVITY
Variablenänderung bei		
1% x_i - Schwankung	$(\partial$ ausvar$/\partial x_i)$ $(x_i/100)$	NORMALIZED SENSITIVITY

Tab. 3.2.2 : Ergebnisse der .SENS - Analyse (im DC-Arbeitspunkt)

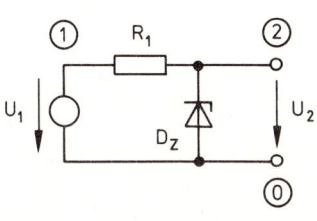

```
DC - EMPFINDLICHKEITEN
V1  1  Ø  2Ø
R1  1  2  47Ø
DZ  Ø  2  ZPD1Ø
.MODEL  ZPD1Ø  D  BV=1Ø  IBV=5M
.SENS  V(2)
.END
```

Bild 3.2.4 : Stabilisierungsschaltung und SPICE - Programm zur Berechnung
             der Empfindlichkeiten der Ausgangsspannung U_2 ; hieraus und
             aus dem Arbeitspunkt kann man auch den Stabilisierungsfaktor
             $S = (U_2/U_1) / (\partial U_2/\partial U_1)$ berechnen.

Siehe auch Kap. 7.1 für ein weiteres Beispiel.

3.2.5 Gleichstrom - Anfangsbedingungen .NODESET

Um die Konvergenz bei der Gleichstromanalyse (.OP - Analyse, siehe Kap.
3.2.1) oder bei der Kennlinienberechnung (.DC - Analyse , siehe Kap. 3.2.2)
zu verbessern, oder um bei Schaltungen mit mehreren stabilen Arbeitspunkten
einen bestimmten Arbeitspunkt einzustellen, kann man

    - bei Halbleiterelementen die OFF - Option (siehe Kap. 2.5),
    - bei gesteuerten Quellen die IC - Optionen auf ihren Elementanweisungen
       (siehe Kap. 2.3.2),
    - allgemein die .NODESET - Anweisung

benutzen.   Außerdem kann man mittels der .OPTIONS - Anweisung die Zahl der
Iterationen bei der Gleichstromanalyse   erhöhen oder die (langsamere)
Source - Stepping - Methode verwenden (siehe Kap. 6).

Steueranweisung zum Setzen von Anfangs - Gleichspannungen :

        .NODESET V(knoten)=wert <usw>

Für jede Angabe der Art V(knoten)=wert wird die in Bild 3.2.5   gezeigte
Schaltung in das Programm eingeführt:

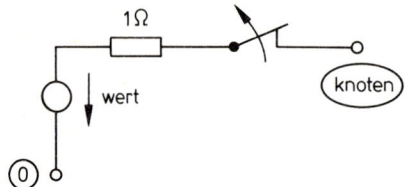

Bild 3.2.5 : Ersatzschaltbild für das
Setzen von Anfangsgleichspannungen
mit der .NODESET - Anweisung

Bei der ersten, einleitenden Gleichstromanalyse sind alle gemäß Bild 3.2.5
generierten Schalter geschlossen, bis ein vorläufiger "Hilfsarbeitspunkt"
gefunden ist.   Anschließend werden die Schalter geöffnet und von dem
"Hilfsarbeitspunkt" ausgehend weiter iteriert, bis im endgültigen Gleichstromarbeitspunkt Konvergenz erreicht wird.

Ein weiteres Beispiel für die Anwendung der .NODESET - Anweisung befindet
sich in Kap. 7.4.1   .

3.3 Einschwinganalyse   .TRAN

Zur Analyse von Einschwingvorgängen bei beliebigen linearen oder nichtlinearen Schaltungen berechnet SPICE schrittweise die Größe der Ausgangsvariablen
als Funktion der Zeit beginnend bei t=0 bis zu einer vom Benutzer auf der
.TRAN - Anweisung spezifizierten Endzeit t_{stop}.   Die Anfangsbedingungen der
Schaltung (Inhalte der Energiespeicher bei t=0) werden entweder automatisch
von SPICE in einer Gleichstromanalyse vor Beginn der Einschwinganalyse
bestimmt,   oder können vom Benutzer spezifiziert werden (siehe Kap. 3.3.1).
Mittels der .FOUR - Anweisung kann eine Fourieranalyse der Ausgangsvariablen
berechnet werden (siehe Kap. 3.3.2).

Steueranweisung zur Analyse von Einschwingvorgängen :

.TRAN t_{step} t_{stop} $\langle t_{start}$ $\langle t_{max} \rangle$ $\rangle$ $\langle UIC \rangle$

t_{step} ist der Zeitschritt für die .PRINT - oder .PLOT - Ergebnisausgabe.
t_{stop} ist die Endzeit der Analyse und t_{start} ist der erste Zeitpunkt,   für
den ein Ergebnis ausgegeben wird.   Alle Zeiten müssen positiv sein,   sie
werden in Sekunden angegeben.   Wenn t_{start} weggelassen wird,   nimmt SPICE
t_{start}=0 an. Die Einschwinganalyse beginnt immer bei t=0 .   Im Intervall 0
bis t_{start} wird die Schaltung analysiert,   ohne daß Ergebnisse ausgegeben
werden. t_{max} ist der größte Zeitschritt, den SPICE beim Rechnen zum
inkrementieren der Zeit benutzt.   Der   kleinere   Wert   von t_{step} oder
(t_{stop} - t_{start})/50 ist der Ersatzwert für t_{max}. Man benutzt t_{max},   wenn
man einen Rechenzeitschritt wünscht, der kleiner als der Ausgabezeitschritt
t_{step} ist,   z.B. bei der Fourieranalyse, Kap. 3.3.2 .   Das optionale
Kennwort UIC (UIC = use initial conditions) beeinflußt die Art und Weise wie
SPICE die Anfangsbedingungen der Schaltung findet.   Näheres hierzu siehe im
nächsten Kapitel 3.3.1 . Die maximal zulässige Zahl von Zeitpunkten,   an
denen Ergebnisse ausgegeben werden, ist 201, wenn sie nicht mit der LIMPTS
- Option (siehe Kap. 6) verändert wird.

Anweisung zur Ergebnisausgabe der Einschwinganalyse :

.form TRAN ausvar

Siehe hierzu auch Kap. 3.1 und die Beispiele in Kap. 7.2, 7.6, 7.7 .

3.3.1 Anfangsbedingungen für die Einschwinganalyse

Voraussetzung für den Beginn der Einschwinganalyse bei t=0 sind Informationen über die Energieinhalte aller Energiespeicher der Schaltung bei t=0 . Energiespeicher können sein : Kapazitäten, Induktivitäten und Bauelemente, die diese enthalten, also Übertrager, Leitungen und Halbleiterelemente. Nicht zu den Energie speichernden Elementen gehören Widerstände, gesteuerte Quellen, unabhängige Quellen und alle Halbleiterelemente ohne innere Ladungsspeicher (Kapazitäten). Ein Maß für die gespeicherte Energie ist bei Kapazitäten die anliegende Spannung und bei Induktivitäten der sie durchfließende Strom. Die Anfangsbedingungen einer Schaltung bestehen also aus der Menge der Kondensatorspannungen, Spulenströme, Ströme und Spannungen von Leitungen und der Spannungen der ladungspeichernden Halbleiterelemente bei t=0. SPICE kann sich die Anfangsbedingungen der Schaltung auf mehrere vom Benutzer beeinflußbare Arten verschaffen, hierzu dienen Angaben an drei verschiedenen Stellen des Programms:

- Anfangswerte auf den Elementanweisungen,
- UIC - Option auf der .TRAN - Anweisung,
- .IC - Anweisung .

Anfangswerte auf den Elementanweisungen :

Bei folgenden Schaltelementen können optional Anfangswerte für die Einschwinganalyse im IC - Feld (IC = initial condition) spezifiziert werden: Kapazität (C), Induktivität (L), Leitung (T), Diode (D), Bipolartransistor (Q), Sperrschicht (J) - und MOS - Feldeffekttransistor (M). Die Spezifizierung von Anfangswerten für Halbleiterelemente, deren Modelle keine Ladungsspeicher (Kapazitäten) enthalten, ist sinn- und wirkungslos. Anfangswerte auf den Elementanweisungen werden nur dann als Anfangsbedingungen der Einschwinganalyse verwendet, wenn auf der .TRAN - Anweisung das Kennwort UIC (UIC = use initial conditions) steht. Ohne UIC haben sie keinen Einfluß auf die Anfangsbedingungen der Schaltung.

.TRAN - Anweisung mit UIC :

Das Kennwort UIC in der .TRAN - Anweisung bewirkt, daß die Schaltelemente mit den Anfangswerten ihrer Elementanweisungen für den Beginn der Einschwinganalyse bei t=0 geladen werden. Bei Schaltelementen ohne Anfangswert auf der Elementanweisung wird der Anfangswert Null geladen, wenn im Programm keine .IC - Anweisung (s.u.) vorhanden ist; ist eine .IC - Anweisung vorhanden, werden aus ihr die fehlenden Anfangsspannungen (nicht die fehlenden Anfangsströme) berechnet (s.u.) und geladen. Anfangswerte auf den Elementanweisungen haben Vorrang vor Werten aus der .IC - Anweisung.

.TRAN - Anweisung ohne UIC :

Fehlt UIC auf der .TRAN - Anweisung, werden die Anfangsbedingungen der Schaltung auf völlig andere Weise bestimmt: Es wird eine Gleichstromarbeitspunktsanalyse (siehe Kap. 3.2.1) der Schaltung durchgeführt und die sich daraus ergebenden Gleichströme und Gleichspannungen als Anfangsbedingungen für die Energiespeicher der Schaltung verwendet. Das Ergebnis dieser Analyse heißt INITIAL TRANSIENT SOLUTION, abgekürzt ITS. Da bei der ITS Spulen durch Kurzschlüsse ersetzt werden, erhalten Spulen als Anfangsstrom für die .TRAN - Analyse denjenigen Strom, der sich bei der ITS im Spulenkurzschluß ergibt. Ist keine .IC - Anweisung (s.u.) vorhanden, liefert die ITS die gleichen Ströme und Spannungen wie die SMALL SIGNAL BIAS SOLUTION, abgekürzt SSBS, der .OP - Analyse. Ist eine .IC - Anweisung vorhanden, werden während der Gleichstromarbeitspunktsanalyse die auf der .IC - Anweisung spezifizierten Knotenspannungen gemäß Bild 3.3.1 über 1-Ohm-Widerstände eingeprägt. In diesem Fall unterscheiden sich die Ströme und Spannungen der ITS und der SSBS.

Anweisung von Knotenspannungen für Anfangsbedingungen :

.IC   V(knoten)=wert <usw>

Eine Knotenspannung wird vom knoten zum Bezugsknoten 0 der Schaltung gezählt. Bezüglich der Wirkung der .IC - Anweisung muß man, wie oben schon kurz geschildert, zwei Fälle unterscheiden:

.IC - Anweisung vorhanden, .TRAN - Anweisung mit UIC

Es wird eine Liste aller Knotenspannungen der Originalschaltung nach folgender Vorschrift erzeugt: Die in der .IC - Anweisung aufgeführten Knoten erhalten die dort spezifizierten Knotenspannungen, alle dort nicht erwähnten Knoten erhalten die Knotenspannung Null. Aus diesem vollständigen Satz von Knotengleichspannungen werden mit Hilfe des Kirchhoffschen Spannungsgesetzes

die fehlenden, nicht auf Elementanweisungen spezifizierten Anfangsspannungen
der Energiespeicher bestimmt.

.IC - Anweisung vorhanden, .TRAN - Anweisung ohne UIC

Für jede Angabe V(knoten)=wert der .IC - Anweisung wird während der Gleich-
stromarbeitspunktsanalys für die ITS die in Bild 3.3.1 gezeigte Schaltung zur
Einprägung der Knotenspannung in die Originalschaltung eingesetzt.   An den
nicht auf der .IC - Anweisung erwähnten Knoten wird nichts verändert.

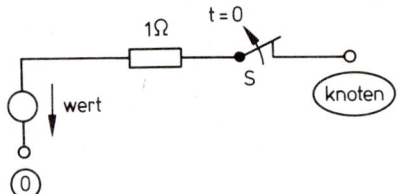

Bild 3.3.1 : Schaltung zur
Einprägung einer Knotenspannung.
Der Schalter S wird zu Beginn der
Einschwinganalyse geöffnet.

Die gefundene ITS liefert die Anfangsbedingungen der Originalschaltung für
die Einschwinganalyse, bei der die Schalter der Knotenspannungsquellen
geöffnet sind.

```
              programmiert
         ---------------------
                    Element-
Nr.  UIC   .IC    IC        Folgen für Anfangsbedingungen AB
```

Nr.	UIC	.IC	IC	Folgen für Anfangsbedingungen AB
1	-	-	-	ITS wird berechnet, ITS gleich SSBS
2	-	-	ja	wie Nr.1 , Elem.ICs ohne Einfluß auf ITS
3	-	ja	-	ITS wird mit .IC - Knotenspannungsquellen berechnet, ITS ungleich SSBS
4	-	ja	ja	wie Nr.3 , Elem.ICs ohne Einfluß auf ITS
5	ja	-	-	kein ITS , alle AB=0
6	ja	-	ja	kein ITS , AB = Elem.ICs , fehlende Elem.-ICs = 0
7	ja	ja	-	kein ITS , Anf.spannungen aus .IC , auf .IC fehlende Knotenspannungen = 0 , Anfangsströme = 0
8	ja	ja	ja	kein ITS , AB = Elem.ICs , fehlende Anf.spannungen aus .IC , fehlende Anf.ströme = 0

Tab. 3.3.1 : Zusammenfassung der Programmiermöglichkeiten von
Anfangsbedingungen für die Einschwinganalyse

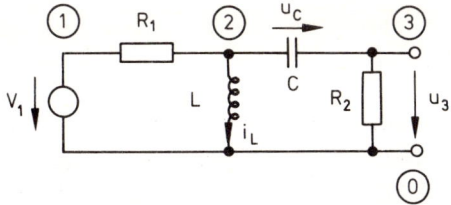

Bild 3.3.2 : Schaltung
für eine Einschwinganalyse
mit Anfangsbedingungen
$i_L(0) = 2mA$, $u_C(0) = 1V$

Mögliche SPICE - Programme zu Bild 3.3.2 :

```
FALL NR.6                          FALL NR.8
V1   1  Ø   PULSE(Ø  2)            V1   1  Ø   PULSE(Ø  2)
R1   1  2   1K                     R1   1  2   1K
R2   3  Ø   1K                     R2   3  Ø   1K
L    2  Ø   1    IC=2M             L    2  Ø   1    IC=2M
C    2  3   1U   IC=1              C    2  3   1U
.TRAN  2M  2ØM  UIC                .TRAN  2M  2ØM  UIC
.PLOT  TRAN  V(3)                  .PLOT  TRAN  V(3)
.END                              .IC  V(2)=1
                                   .END
```

Weitere Beispiele zum Setzen von Anfangsbedingungen befinden sich in Kap.7.4.

Einfluß der Gleichstrom - Anfangsbedingungen auf die Einschwing -
Anfangsbedingungen :

Im allgemeinen haben die Gleichstrom - Anfangsbedingungen .NODESET , IC bei
gesteuerten Quellen und OFF bei Halbleiterelementen (siehe Kap. 3.2.5) keinen
Einfluß auf die Einschwinganfangsbedingungen, da sie zwar bei der Berechnung
der ITS anfänglich bis zur Konvergenz eines Hilfsarbeitspunktes benutzt
werden, danach aber zur Berechnung der endgültigen ITS keine Verwendung mehr
finden.   Dies gilt streng genommen jedoch nur für Schaltungen mit einem
einzigen stabilen Gleichstromarbeitspunkt.   Hat eine Schaltung mehrere
stabile Arbeitspunkte, bewirkt das richtige Setzen der Gleichstrom -
Anfangsbedingungen, daß bei einer .TRAN - Analyse ohne UIC ein definierter,
gewünschter , stabiler Arbeitspunkt erreicht wird, dem die Einschwing -
Anfangsbedingungen entnommen werden.   Auf die Werte der ITS haben die
Gleichstrom - Anfangsbedingungen aber auch in diesem Fall keinen Einfluß,
sie bewirken lediglich, daß dieser Arbeitspunkt überhaupt erreicht wird.
Die Gleichstrom - Anfangsbedingungen sind also nicht dazu geeignet, speziel-
le Einschwinganfangsbedingungen der Schaltung zu setzen. (s. Kap. 7.4.1).

3.3.2 Fourieranalyse .FOUR

Bei der Einschwinganalyse können die Ausgangsvariablen auch nach Fourier analysiert werden. Hierbei wird angenommen, daß sich die Ausgangsvariablen wie in der letzten Periodendauer vor t_{stop} periodisch fortsetzen, was tatsächlich nur näherungsweise richtig ist.

Zeitintervall der Fourieranalyse : $t_{stop} - 1/freq \leq t \leq t_{stop}$

mit t_{stop} = letzter Zeitpunkt der Einschwinganalyse
         freq = Grundfrequenz der Fourieranalyse

Steueranweisung zur Fourieranalyse :

    .FOUR freq ausvar$_1$ < ausvar$_2$ <usw> >

ausvar sind die Ausgangsvariablen, für die eine Fourieranalyse gewünscht wird (siehe Kap. 3.1). Als Ergebnis der Fourieranalyse erhält man den Gleichstromanteil (DC COMPONENT), den Grundfrequenzanteil (HARMONIC NO 1) und die ersten 8 Oberschwingungen (HARMONIC NO 2...9) mit Amplituden und Phasenwinkeln sowie den Klirrfaktor (TOTAL HARMONIC DISTORTION) in Prozent,

$$k / \% = 100 (U_2^2 + U_3^2 + U_4^2 + \dots + U_9^2)^{1/2} / U_1 .$$

Der analysierte Signalteil entspricht um so genauer dem eingeschwungenen, periodischen Zustand, je mehr Grundfrequenzperioden im Einschwing - Analyse-intervall $0...t_{stop}$ enthalten sind. Die Fourieranalyse wird um so genauer, je mehr Analysezeitpunkte in der letzten Periode liegen. Man sollte deshalb auf der .TRAN -Anweisung $t_{max} \leq 1 / (100\ freq)$ spezifizieren. Eine beson-dere Ergebnisanweisung wird nicht benötigt.

Beispiele zur Fourieranalyse befinden sich in Bild 3.3.3 und in Kap. 7.1 .

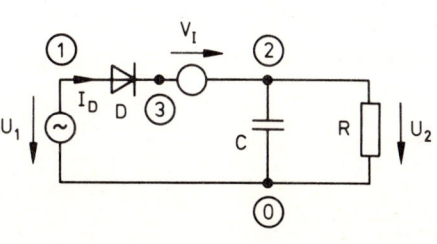

```
FOURIER - ANALYSE
V1  1  Ø  SIN( Ø  311V  5ØHZ)
D   1  3  SID
.MODEL    SID  D  RS=1Ø
VI  3  2
C   2  Ø  1ØUF
R   2  Ø  1KOHM
.TRAN  2MS   1ØØMS  Ø  Ø.1MS
.FOUR  5ØHZ  V(2)  I(VI)
.END
```

<u>Bild 3.3.3</u> : Schaltung und Programm zur Fourieranalyse der Ausgangsspannung U_2 und des Diodenstroms I_D . Die Schaltung wird während der ersten fünf Perioden nach dem Einschalten von U_1 analysiert , und die Fourieranalyse aus der fünften Periode berechnet. Zur Erhöhung der Genauigkeit ist der größte Analysezeitschritt t_{max} = 0,1 ms .

3.4 Wechselstrom - Kleinsignalanalyse .AC

Bei der .AC -Analyse (AC = alternating current) wird die komplexe Amplitude
der cosinusförmigen Ausgangsvariablen im eingeschwungenen Zustand als Funktion der Frequenz berechnet.   SPICE ermittelt zunächst automatisch den Gleichstromarbeitspunkt der linearen oder nichtlinearen Schaltung (= SMALL SIGNAL
BIAS SOLUTION = SSBS , siehe Kap. 3.2.1) und leitet daraus eine lineare
Kleinsignal - Ersatzschaltung her (siehe Kap. 4), die dann im eingeschwungenen Zustand in einem vom Benutzer auf der .AC - Steueranweisung spezifizierten Frequenzbereich analysiert wird.   Der Rechner verändert schrittweise die
Frequenz aller AC - Quellen (siehe Kap. 2.4.3) von f_{start} bis f_{stop} und
berechnet für jeden Frequenzpunkt die Werte der in den Ergebnisausgabeanwei-
sungen (siehe Kap. 3.1) aufgeführten Ausgangsvariablen.   Die maximal
zulässige Zahl von Frequenzpunkten ist 201, wenn sie nicht mit der LIMPTS -
Option (siehe Kap. 6) verändert wird.   Häufig möchte man mit der .AC -
Analyse eine komplexe Übertragungsfunktion berechnen.   Wenn die Schaltung
nur eine AC - Eingangsquelle besitzt, ist es zweckmäßig, die Amplitude
dieser Quelle gleich Eins und ihre Phase gleich Null zu machen, sodaß die
Ausgangsvariable dann den Wert der Übertragungsfunktion besitzt.   Drei
verschiedene Frequenzvariationen stehen gemäß Tab. 3.4.1 zur Auswahl:

Frequenzvariation	Kennwort
dekadisch	DEC
oktav	OCT
linear	LIN

Tab. 3.4.1 :

Frequenvariationen bei der
AC - Analyse und ihre Kennwörter auf der .AC - Anweisung

1. Steueranweisung zur .AC - Analyse mit Dekadenvariation :

$$.AC \; DEC \; n_d \; f_{start} \; f_{stop}$$

DEC schreibt dem Rechner Dekadenvariation vor.   Beginnend bei f_{start} wird
nach n_d ständig größer werdenden Frequenzschritten $10 \, f_{start}$, nach weiteren
n_d Frequenzschritten $100 \, f_{start}$ usw. erreicht. n_d ist also die Zahl der
Frequenzschritte pro Frequenzdekade.   Bei f_{stop} wird die Frequenzerhöhung
abgebrochen.   Alle Frequenzen werden in Hz angegeben.   Zwischen zwei
aufeinanderfolgenden Frequenzen besteht die Beziehung $f_{n+1}/f_n = 10^{1/n_d}$.

Beispiel : **.AC** - Analyse mit Frequenzvariation in 33 Schritten pro Dekade von
          1kHz bis 1MHz , also mit insgesamt 99 Frequenzschritten :

              .AC DEC 33 1KHZ   1MEGAHZ

Weitere Beispiele hierzu siehe Kap. 7.2 und 7.6 .

2. Steueranweisung zur .AC - Analyse mit Oktavenvariation :

              .AC OCT n_o f_{start} f_{stop}

OCT schreibt dem Rechner Oktavenvariation vor.   Beginnend bei f_{start} wird
nach n_o ständig größer werdenden Frequenzschritten 2 fstart, nach weiteren
n_o Frequenzschritten 4 f_{start} usw. erreicht, bis bei f_{stop} abgebrochen wird.
n_o ist also die Zahl der Frequenzschritte pro Oktave.   Zwei aufeinan-
derfolgende Frequenzen verhalten sich wie $f_{n+1}/f_n = 2^{1/n_o}$.

Beispiel : **.AC** - Analyse mit Frequenzvariation in 100 Schritten pro Oktave
          von 50Hz bis 100Hz :

              .AC OCT 1ØØ 5ØHZ 1ØØHZ

3. Steueranweisung zur .AC - Analyse mit linearer Frequenzvariation :

              .AC LIN n_p f_{start} f_{stop}

LIN schreibt dem Rechner lineare Frequenzvariation vor.   Beginnend bei
f_{start} wird nach $n_p - 1$ gleich großen Frequenzschritten bei f_{stop} abgebrochen.
n_p ist die Zahl der Frequenzpunkte, an denen die Schaltung analysiert wird,
die Größe des Frequenzschritts ist $f_{n+1} - f_n = (f_{stop} - f_{start})/(n_p - 1)$.

Beispiel : **.AC** - Analyse mit linearer
Frequenzvariation in 20 5Hz-Schritten   .AC LIN 21 1K 1.1K
von 1kHz bis 1,1kHz :

Die Möglichkeiten der Ergebnisausgabe der .AC - Analyse sind in Kap. 3.1
beschrieben. Weitere Beispiele siehe Bild 3.5.1 und Kap. 7.2 und 7.6 .

3.5 Verzerrungsanalyse .DISTO

Die Methode der Fourieranalyse im Großsignalzeitbereich (siehe Kap. 3.3.2)
liefert gute Ergebnisse bei relativ stark verzerrten, periodischen Signalen
mit einer Grundfrequenz.   Relativ   kleine Verzerrungen cosinusförmiger
Signale werden genauer mit der .DISTO - Analyse (DISTO = distortion) im
linearen Wechselstromfrequenzbereich ermittelt /3.1,2,3/. Mit der .DISTO -
Analyse lassen sich harmonische Verzerrungen und Intermodulationsverzerrungen
zweiter und dritter Ordnung näherungsweise in Abhängigkeit von der Frequenz
punktweise in dem auf der .AC - Anweisung (siehe Kap. 3.4) spezifizierten
Frequenzbereich berechnen.   Bei der .DISTO - Analyse wird jedes nichtlineare
Schaltelement im Gleichstromarbeitspunkt durch sein lineares Ersatzelement
und eine unabhängige Verzerrungsquelle ersetzt.   In der so gebildeten
linearen Kleinsignalverzerrungsersatzschaltung ergibt sich die Verzerrung am
Ausgangswiderstand R_{aus} in einer AC - Analyse aus der Summe der Beiträge der
einzelnen Verzerrungsquellen.

Steueranweisung zur Verzerrungsanalyse :

.DISTO R_{aus} < n_i < f_2 zu f_1 < p_{ref} < u_2 zu u_1 >>>>

Das Programm gibt optional auch getrennt den Beitrag jeder Verzerrungsquelle
der Schaltung zur Verzerrung am Ausgangswiderstand R_{aus} an jedem n_i-ten
Frequenzpunkt der .AC - Analyse aus.   Wird n_i weggelassen oder Null gesetzt,
entfällt diese Ausgabe. f_2 zu f_1 ist das Frequenzverhältnis f_2/f_1 der
beiden Cosinussignale der AC - Quelle   für die Intermodulations -
Verzerrungsanalyse.   Wird f_2 zu f_1 weggelassen, nimmt SPICE den Ersatzwert
0,9 an, d.h. $f_2 = 0,9 \, f_1$. f_1 ist die Grundfrequenz des Cosinussignals
für   die   Analyse   der   harmonischen   Verzerrungen   und   der
Intermodulationsverzerrungen. f_1 wird schrittweise gemäß den Angaben auf
der .AC - Anweisung verändert, bei jedem f_1 - Wert erfolgt eine Verzerrungsanalyse und eine Ausgabe der an R_{aus} entstandenen Verzerrungen. p_{ref} ist
die Bezugsleistung,   die bei der Berechnung der Verzerrungsprodukte (s.u.)
benutzt wird.   Wird p_{ref} weggelassen, nimmt SPICE den Wert $p_{ref} = 1mW$ an,
d.h.   die logarithmischen Verzerrungsmaße haben dann die Einheit dBm. u_2
zu u_1 ist das Amplitudenverhältnis der beiden Cosinussignale bei der
Intermodulationsverzerrungsanalyse;   wenn u_2 zu u_1 nicht spezifiziert wird,
nimmt SPICE den Wert Eins an , d.h. $u_2 = u_1$.   SPICE berechnet die durch
Einwirken der cosinusförmigen AC - Quelle auf die Nichtlinearitäten der

Schaltung am Ausgangswiderstand R_{aus} hervorgerufenen komplexen Amplituden der Verzerrungsprodukte in normierter Form: Hierbei hat die komplexe Amplitude der AC - Quelle mit der Frequenz f_1 die Phase Null und einen Betrag, der in R_{aus} ohne Berücksichtigung der Verzerrungen und ohne Berücksichtigung der f_2 - Komponente gerade die Bezugsleistung p_{ref} erzeugt; der Betrag der dann an R_{aus} wirkenden f_1 - Amplitude dient zur Normierung der komplexen Verzerrungsamplituden. Die auf der Elementanweisung der AC - Quelle programmierte komplexe Amplitude hat also keinen Einfluß auf die Größe der Verzerrungsprodukte, vielmehr wird deren Größe durch die auf der .DISTO - Anweisung spezifizierte Bezugsleistung p_{ref} bestimmt. Will man die Verzerrungen eines Verstärkers bei verschiedenen Aussteuerungen berechnen, muß man p_{ref} entsprechend verändern.

Steueranweisung zur Ergebnisausgabe der Verzerrungsanalyse :

.form DISTO ausvar$_1$ $\langle($ art$_1$ $)\rangle$ $\langle$ausvar$_2$ $\langle$ (art$_2$ $)\rangle\rangle$ $\langle$usw$\rangle$

Näheres zur .form der Ausgabe siehe Kap. 3.1 . In den ausvar - Feldern können die in Tab. 3.5.1 aufgeführten, normierten Verzerrungsprodukte spezifiziert werden:

	normiertes Verzerrungsprodukt
ausvar	mit der Frequenz
HD2	$2\,f_1$
HD3	$3\,f_1$
DIM2	$f_1 - f_2$
SIM2	$f_1 + f_2$
DIM3	$2\,f_1 - f_2$

Tab. 3.5.1 :
Bei der Verzerrungsanalyse berechenbare normierte Verzerrungsprodukte und ihre Kennwörter für die Ergebnisanweisung

HD2 und HD3 sind die harmonischen Verzerrungsprodukte (HD = harmonic distortion product), DIM2 , SIM2 und DIM3 sind die Differenz- und Summen - Intermodulationsprodukte zweiter und dritter Ordnung, die bei Aussteuerung der Schaltung mit einem AC - Quellensignal entstehen, das aus der Summe zweier Cosinusschwingungen der Frequenzen f_1 und f_2 besteht.

Im art - Feld der DISTO - Ergebnisanweisung kann eine der in Tab. 3.5.2 aufgelistete Größen der normierten komplexen Verzerrungsamplitude spezifiziert werden.

art	Bedeutung
R	Realteil
I	Imaginärteil
M	Betrag
P	Phase
DB	20 lg Betrag

Tab. 3.5.2 :

Bedeutung und Kennbuchstaben

des art - Feldes   auf der

DISTO - Ergebnisanweisung

Wird art nicht spezifiziert, gibt SPICE den Betrag der normierten Verzerrungsamplitude aus.

Beispiel :

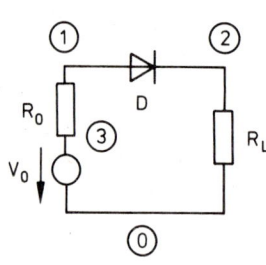

```
DIODE ALS ANALOGSCHALTER
VO  3  Ø  DC  1.71  AC  Ø.1
D   1  2  D
.MODEL  D  D
RO  1  3  5Ø
RL  2  Ø  5Ø
.AC  LIN  1  1MEG  1MEG
.DISTO  RL  1  Ø.8  5ØU
.PRINT  DISTO  HD2(M)  HD2(P)  DIM3
.END
```

Bild 3.5.1 : Verzerrungsanalyse eines Dioden - Analogschalters

Mit dem Programm in Bild 3.5.1 berechnet SPICE u.a. für die Eingangsfrequen-
zen f_1 = 1MHz und f_2 = 0,8 MHz Betrag und Phase der normierten quadratischen
Verzerrungsamplitude bei $2f_1$ = 2MHz und den Betrag der normierten Intermodu-
lationsverzerrung dritten Grades bei $2f_1 - f_2$ = 1,2MHz am Ausgangswiderstand
R_L.   Die Normierungsamplitude beträgt $(2 R_L P_{ref})^{1/2}$ = 70,7 mV.

Kap. 7.1 enthält ein weiteres Beispiel für die .DISTO - Analyse.

3.6 Rauschanalyse .NOISE

Mit SPICE lassen sich die Ausgangsrauschspannung (OUTPUT NOISE VOLTAGE) und
die auf den Eingang bezogene äquivalente Eingangsrauschquelle (EQUIVALENT
INPUT NOISE) eines Vierpols in Abhängigkeit von der Frequenz bei 1Hz Bandbreite berechnen.   Rauschursache sind innere, unabhängige Rauschquellen der
Bauelemente.   Grundsätzlich werden hierfür unkorrelierte, "weiße" Rauschquellen mit frequenzunabhängiger Rauschleistungsdichte (= mittlere Rausch-
leistung pro 1Hz Bandbreite) angenommen.   Bei Halbleitern können zusätzliche
Funkelrauschquellen (FLICKER NOISE) programmiert werden, deren Rauschleistungsdichte umgekehrt proportional der Frequenz ist (1/f - Rauschen).

Bei der Rauschanalyse /3.4,5,6/ werden alle Bauelemente nach einer Gleichstromarbeitspunktsanalyse durch die entsprechenden Kleinsignalersatzschaltun-
gen im Arbeitspunkt ersetzt und durch unkorrelierte Kleinsignalrauschquellen
ergänzt (siehe Kap. 4).   Alle übrigen unabhängigen Quellen werden Null
gesetzt.   Jeder ohmsche Widerstand wird entsprechend Bild 3.6.1 durch einen
rauschfreien Widerstand mit parallelgeschalteter Rauschstromquelle ersetzt.

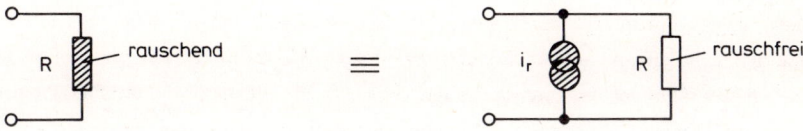

Bild 3.6.1 : Rauschmodell des ohmschen Widerstandes

Für die Rauschstromquelle i_r in Bild 3.6.1 gilt:

$$\overline{i_r^2} = 4 \, k \, T \, df / R = \text{Mittelwert des Rauschstromquadrats} =$$
$$= \text{Quadrat des Rauschstrom - Effektivwerts}$$

mit k = $1{,}3806226 \cdot 10^{-23}$ Ws/K = Boltzmann - Konstante

T = absolute Temperatur der Schaltung

df = 1Hz = differentielle Bandbreite   .

Induktivitäten, Übertrager, Kapazitäten, Leitungen und gesteuerte Quellen
sind rauschfrei.   Aus der linearen Rauschersatzschaltung der Gesamtschaltung
wird mit einer AC - Analyse die Ausgangsrauschspannung des Vierpols in
dem auf der .AC - Anweisung spezifizierten Frequenzbereich berechnet.

Steueranweisung zur Rauschanalyse :

.NOISE V(kn_a $<$,$kn_b$$>$) eingangsquelle $<n_i>$

Die Ausgangsrauschspannung liegt zwischen dem Knoten a und dem Knoten b der
Schaltung, wird Knoten b weggelassen, nimmt SPICE hierfür den Knoten Null
an. Die Ausgangsrauschspannung ist gleich der Wurzel aus der Summe der
Quadrate der Rauschspannungen, die von den einzelnen Rauschquellen der
Schaltung in einem Frequenzintervall von 1Hz am Ausgang hervorgerufen werden.
eingangsquelle ist der Name einer unabhängigen Quelle, für die die
äquivalente Eingangsrauschquelle berechnet werden soll ; eingangsquelle muß
außerdem auf einer Elementanweisung definiert sein. Die äquivalente Eingangsrauschquelle (EQUIVALENT INPUT NOISE) ergibt sich aus der Division der
Ausgangsrauschspannung (TOTAL OUTPUT NOISE VOLTAGE) durch den Betrag des
Übertragungsfaktors (TRANSFER FUNCTION VALUE) vom Eingang zum Ausgang.
Schaltet man die äquivalente Eingangsrauschquelle an den Eingang des rausch-
frei gedachten Vierpols, so erhält man am Ausgang die gleiche Rauschspannung
wie bei rauschendem Vierpol ohne äquivalente Eingangsrauschquelle. Das
Programm gibt optional auch getrennt den Beitrag jeder Rauschquelle der
Schaltung zur Ausgangsrauschspannung an jedem n_i - ten Frequenzpunkt der AC -
Analyse aus. Wird n_i weggelassen oder Null gesetzt, entfällt diese
ausführliche Ergebnisausgabe. Ergebnisausgabe bei den Frequenzpunkten der
AC - Analyse erhält man in .PRINT - oder .PLOT - form mit der

Anweisung zur Ergebnisausgabe der Rauschanalyse :

.form NOISE ONOISE $<$(art_1)$>$ $<$ INOISE $<$(art_2)$>$ $>$

Näheres zur .form der Ausgabe siehe Kap. 3.1 . ONOISE ist das Kennwort für
Ausgabe der Ausgangsrauschspannung, INOISE bewirkt Ausgabe der äquivalenten
Eigangsrauschquelle. In den art - Feldern können die in Tab. 3.6.1 angegebenen Größen programmiert werden. Falls art nicht spezifiziert wird,
erhält man die Rauscheffektivwerte.

art	Bedeutung
M	Effektivwert der Rauschspannung bzw. des Rauschstroms bei 1Hz Bandbreite
DB	$20 \lg U_r/V$ bzw. $20 \lg I_r/A$

<u>Tab.3.6.1</u> : art der Ergebnisausgabe der Rauschanalyse mit Kennwörtern

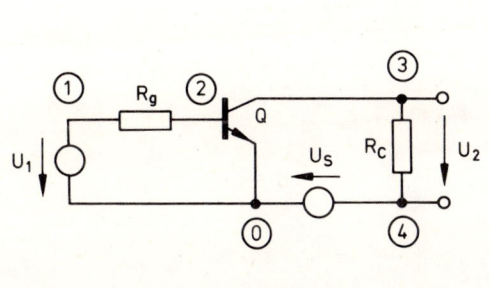

```
RAUSCHANALYSE MIT BC413B
RG  1  2  2K
RC  3  4  10K
V1  1  Ø  DC  Ø.5573  AC  1
VS  4  Ø  7
Q  3  2  Ø  BC413B
.MODEL  BC413B  NPN  BF=23Ø  RB=21Ø
+ TF=3N  CJE=7P  CJC=8P  IS=7.2E-14
+ VAF=15  AF=1  KF=1.3E-14
.AC DEC  25  1Ø  1ØØK
.NOISE  V(3,4)  V1  2Ø
.PLOT  NOISE  ONOISE  INOISE
.PLOT  AC  VM(3,4)
.END
```

<u>Bild 3.6.2</u> : Rauschanalyse einer Verstärkerschaltung mit dem rauscharmen
        Transistor BC413B .   Es wird die Ausgangsrauschspannung U_{2r}
        und die äquivalente Eingangsrauschquelle U_{1r} unter Berücksich-
        tigung des Funkelrauschens als Funktion der Frequenz bei 1Hz
        Bandbreite zwischen 10Hz und 100kHz geplottet.   Die ausführ-
        liche Rauschanalyse wird bei jedem zwanzigsten Frequenzpunkt,
        also bei insgesamt sechs verschiedenen Frequenzen ausgegeben.

Siehe Kap. 7.1 für ein weiteres Beispiel.

Anmerkung :

Mit der äqivalenten Eingangsrauschquelle lassen sich Rauschzahl und Rauschmaß eines Vierpols berechnen:

Rauschzahl = F = (äqu. Eing.rauschen $)^2$ / (Rauschen d. Gener.innenwid. $)^2$

$$F = \overline{U_{1r}^2} / (4 \; k \; T \; R_g \; df) = \overline{I_{1r}^2} \; R_g / (4 \; k \; T \; df)$$

        mit

$\overline{U_{1r}^2}$, $\overline{I_{1r}^2}$ = Quadrate der äquivalenten Eingangsrauschquellen
                bei df = 1Hz Bandbreite

        R_g = Generatorinnenwiderstand

Rauschmaß = F´ = 10 lg F   .

3.7 Temperaturanalyse   .TEMP

SPICE nimmt an, daß alle Eingabedaten für eine Nominaltemperatur
$T_0 = 300,15$ K $\triangleq 27$ ^{O}C   gelten; die Schaltungssimulation erfolgt bei T_0, wenn
nicht mit einer .TEMP - Anweisung andere Temperaturen programmiert werden.
Mit der .OPTIONS - Anweisung TNOM (siehe Kap. 6) kann T_0 geändert werden.
Von der Temperatur abhängig sind in SPICE der ohmsche Widerstand,
Sperrstrom, Exponentialfaktor, Diffusionsspannung, Sperrschichtkapazität,
Durchbruchsspannung von Halbleitersperrschichten,   Stromverstärkungen von
bipolaren Transistoren, Oberflächenbeweglichkeit von MOS-Feldeffekttransisto-
ren (siehe auch Kap. 4).   Bei einer für eine bestimmte Temperatur gültigen
Schaltungssimulation haben alle Bauelemente die gleiche Temperatur.   Von der
elektrischen Belastung und dem Wärmewiderstand abhängige unterschiedliche
Temperaturen der Schaltungselemente können mit SPICE nicht direkt simuliert
werden, siehe hierzu /8.88,89/.

Steueranweisung zur Temperaturanalyse :

     .TEMP temp$_1$ $<$ temp$_2$ $<$temp$_3$ usw$>$ $>$

temp$_1$, temp$_2$, temp$_3$ usw sind die verschiedenen Temperaturen in ^{O}C, bei
denen die Schaltung simuliert werden soll.   Temperaturen, die kleiner als
-223 ^{O}C sind, werden ignoriert.

Beispiel :   .TEMP -3Ø Ø

Mit dieser Anweisung erhält man zwei vollständige Schaltungssimulationen bei
-30 ^{O}C und 0 ^{O}C.   Die auf den Elementanweisungen spezifizierten, bei 27 ^{O}C
gültigen Schaltelementparameter werden vor den Schaltungssimulationen auf
-30 ^{O}C bzw. 0 ^{O}C   umgerechnet.   Es erfolgt keine Simulation bei 27 ^{O}C.

3.8 Parametervariation .ALTER

Die .ALTER-Anweisung erlaubt es, die topologisch gleiche Schaltung mehrmals
mit geänderten Element- und Modell-Parametern zu analysieren.   Sie erscheint
am Ende des Programms.

Allgemeine Form der Parametervariation :

.ALTER
elementanw und .MODELanw mit geänderten parameterwerten
<.ALTER
nochmalige änderungen
<.ALTER
usw> >
.END

Jede .ALTER-Anweisung bewirkt, daß Parameterwerte der unmittelbar folgenden
Elemente und Modelle in der Schaltung geändert werden, und die Schaltung
dann neu analysiert wird.   Die Anweisungen mit den Änderungen müssen die
gleiche Form wie vorher haben, nur Parameterwerte dürfen verändert sein.
Der Satz von Element- und .MODEL - Anweisungen mit geänderten Parameterwerten
wird durch eine weitere .ALTER- oder durch die .END- Anweisung abgeschlossen.
Jede neue Schaltungsanalyse benutzt die Parameterwerte aus dem Änderungssatz
und die übrigen Parameterwerte der unmittelbar vorhergehenden Analyse.   Die
Anzahl der Schaltungsanalysen mit geänderten Parameterwerten ist beliebig.
Topologische Änderungen der Schaltung sind nicht zulässig.

4 Beschreibung der internen Halbleitermodelle

In Tab. 4.0.1 sind die sieben mit SPICE simulierbaren Halbleitermodelle aufgelistet.

Kennwort der Modellart	Modellart
D	Diode
NPN	NPN-Transistor
PNP	PNP-Transistor
NJF	N-Kanal-Sperrschicht-Feldeffekt-Transistor
PJF	P-Kanal-Sperrschicht-Feldeffekt-Transistor
NMOS	N-Kanal-MOS-FET
PMOS	P-Kanal-MOS-FET

Tab. 4.0.1 : Die sieben Arten von Halbleitermodellen

Im folgenden werden die Modelle beschrieben, mit denen SPICE die nach Kap. 2.5 programmierten Halbleiterelemente simuliert /1.3/. Zum schnelleren Auffinden werden die erklärten Parameter am äußeren Seitenrand noch einmal abgedruckt. Die genaue Kenntnis der Modelle erlaubt es, aus Messungen oder Datenblattangaben die Modellparameter zu bestimmen.

4.1 Diode D

Die Parameter des Diodenmodells sind in Tab. 2.5.3 in Kap. 2.5.1 aufgelistet.

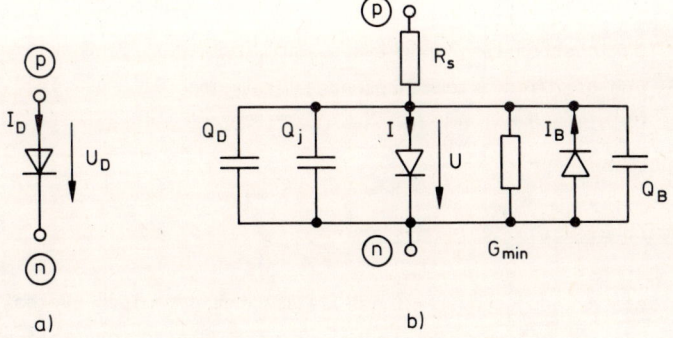

Bild 4.1.1 a) Schaltsymbol und b) SPICE-Modell der Halbleiterdiode

4.1.1 Statisches Verhalten der Diode

Das Gleichstromverhalten der Diode wird durch den konstanten Bahnwiderstand R_S, den konstanten Minimalleitwert $G_{min} = 10^{-12}$ S, die innere   RS
Gleichstromdiode $I(U)$ und die Durchbruchsdiode $I_B(U)$ simuliert:

                                                                                    IS

Innere Gleichstromdiode $I = I_S (e^{U/(n\,U_T)} - 1)$

                                                                                    N

Hierbei bedeuten   Temperaturspannung $U_T = kT/q$

                      Boltzmann-Konstante $k = 1,3806226 \cdot 10^{-23}$ Ws/K

                      Elementarladung $q = 1,6021918 \cdot 10^{-19}$ As   .

Mit dem bei der Nominaltemperatur $T = T_0$ gültigen Sperrsättigungsstrom I_S
kann die Größe des Diodenstroms und mit dem Emissionskoeffizienten n
die Steilheit der $I(U)$-Kennlinie beeinflußt werden. G_{min} kann mittels
der .OPTIONS - Anweisung (siehe Kap. 6) verändert werden.   Der Durch-
bruch bei hohen Sperrspannungen ($U \leq -B_V$) wird mit Hilfe der anti-
parallel geschalteten Durchbruchsdiode modelliert:

                                                                                    IBV

$$I_B = I_{BV}\, e^{(-U-B_V)/U_T}$$

                                                                                    BV

$B_V > 0$ ist die bei dem Durchbruchsstrom $I_{BV} > 0$ gemessene Durchbruchsspannung der Diode.

Nach einer Gleichstromarbeitspunktsanalyse werden der Diodenklemmen-
strom $ID = I_D$ und die Diodenklemmenspannung $VD = U_D$ nach Bild 4.1.1a) als
DC OPERATING POINT INFORMATION ausgegeben.

4.1.2 Dynamisches Verhalten der Diode

Drei nichtlineare Ladungsspeicher modellieren das dynamische Verhalten
der Diode: Im Durchlaßbetrieb überwiegt meist die durch Diffusion
entstandene Minoritätsträgerladung Q_D in den Bahngebieten:

                                                                                    TT

$$Q_D = \tau I = \tau I_S (e^{U/(n\,U_T)} - 1)   .$$

Im Sperrbetrieb wirken die Diffusionsladung Q_B der Durchbruchsdiode

$$Q_B = \tau I_B = \tau I_{BV} e^{(-U-B_V)/U_T}$$

und die Raumladung Q_j in der Sperrschicht

$$Q_j = \int\limits_0^U C_j(u)\, du \quad ,$$

die aus der Kleinsignal-Sperrschichtkapazität C_j durch Integration berechnet wird.

$$C_j = dQ_j/dU = C_{jo} / (1 - U/V_j)^m \qquad \text{bei} \qquad U \leq f_c V_j \qquad (4.1.1)$$

CJO
VJ
M

Wegen der Polstelle bei $U=V_j$ wird C_j im Durchlaßbereich bei $U \geq f_c V_j$ linear extrapoliert ($0 < f_c < 1$) :

$$C_j = C_{jo} (1 + m(U - f_c V_j) / (V_j - f_c V_j)) / (1 - f_c)^m \qquad (4.1.2) \qquad FC$$

4.1.3 Temperaturabhängigkeit der Diode

Die bei der Nominaltemperatur $T_0 = 300{,}15$ K programmierten Diodenmodell-parameter I_S, V_j und C_{jo} werden von SPICE bei einer Temperaturanalyse (Kap. 3.7) temperaturabhängig verändert (Index T):

Sperrsättigungsstrom I_S :

EG

$$I_{ST} = I_S (T/T_0)^{XTI/n} \; e^{E_g(1 - T_0/T)/(n\, U_{T_0})}$$

XTI

mit $\qquad U_{T_0} = kT_0/q$

Diffusionsspannung V_j :

$$V_{jT} = V_j\, T/T_0 + 3U_T \ln(T_0/T) + E_{ST} - E_{ST_0}\, T/T_0$$

mit $\qquad U_T = kT/q$

$$E_{ST} = 1{,}16V - 7{,}02 \cdot 10^{-4}V\, (T/K)^2 / (T/K + 1108)$$

$$E_{ST_0} = 1{,}1151\ V \quad \text{bei} \quad T_0 = 300{,}15\ K$$

<u>Null-Sperrschichtkapazität</u> C_{jo} :

$$C_{joT} = C_{jo} (1 + m(1 + (T-T_o)/(2500K) - V_{jT}/V_j)) .$$

I_{ST}, V_{jT} und C_{joT} werden bei jeder Analysetemperatur als TEMPERATURE ADJUSTED VALUES ausgegeben.

4.1.4 Kleinsignalmodell der Diode

Das lineare Kleinsignaldiodenmodell nach Bild 4.1.2 gilt nur für kleine Signale im Gleichstromarbeitspunkt A. Es enthält den Bahnwiderstand R_s, den differentiellen Leitwert g_d und die Kleinsignalkapazität C_d.

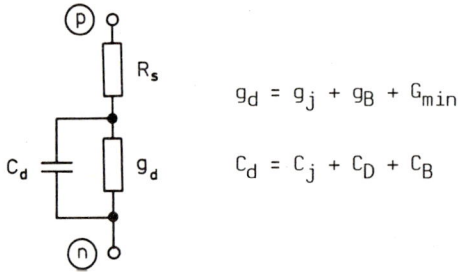

$$g_d = g_j + g_B + G_{min}$$

$$C_d = C_j + C_D + C_B$$

<u>Bild 4.1.2</u> : Kleinsignalmodell der Diode

g_d enthält den differentiellen Leitwert g_j der inneren Gleichstromdiode

$$g_j = dI/dU\Big|_A = (I + I_S) / (n U_T)\Big|_A ,$$

den differentiellen Leitwert der Durchbruchsdiode

$$g_B = -dI_B/dU\Big|_A = I_B/U_T\Big|_A \qquad und \qquad G_{min} .$$

Zählpfeile von I, I_B und U wie in Bild 4.1.1b). C_d setzt sich aus der Kleinsignal-Sperrschichtkapazität C_j nach Gln. (4.1.1) und (4.1.2) und aus den Kleinsignaldiffusionskapazitäten C_D und C_B zusammen :

$$C_D = dQ_D/dU\Big|_A = \tau \, dI/dU\Big|_A = \tau \, g_j$$

$$C_B = -dQ_B/dU\Big|_A = - \tau \, dI_B/dU\Big|_A = \tau \, g_B$$

Nach einer Gleichstromarbeitspunktsanalyse werden die Diodenkleinsig-
nalparameter   REQ = $1/g_d$ und   CAP = C_d als   OPERATING POINT
INFORMATION ausgegeben.

4.1.5 Rauschmodell der Diode

Ergänzt man das Kleinsignalersatzschaltbild der Diode nach Bild 4.1.2
durch   die   Rauschquellen   des   Bahnwiderstandes   und   des
Diodengleichstroms,   so erhält man das Rauschmodell der Diode nach
Bild 4.1.3 .

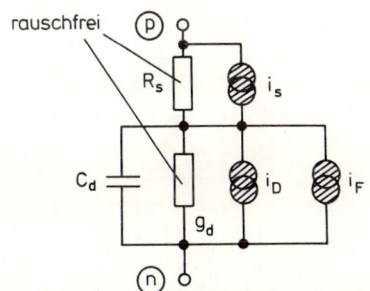

Bild 4.1.3 :

Rauschmodell der Diode

Für die mittleren Quadrate der spektralen Rauschstromquellen gilt :

Thermisches Rauschen des Bahnwiderstandes $\overline{i_s^2}$ = 4 kT df / R_s

Schrotrauschen des Diodengleichstroms $\overline{i_D^2}$ = 2q $\left|I_D\right|_A$ df

$$\text{Funkelrauschen des Diodengleichstroms}\quad \overline{(i_F/A)^2} = k_F \left|I_D/A\right|_A^{a_F} df/f \qquad .$$

KF

AF

4.2 Bipolartransistor NPN , PNP

Die Parameter des Bipolartransistormodells sind in Tab. 2.5.4 in Kap. 2.5.2
aufgelistet; sie werden am Beispiel des NPN - Transistors erläutert.   Die
Schaltbilder und die Gleichungen gelten bei umgekehrten Dioden und Vorzeichen
auch für PNP - Transistoren.   Das Transistormodell nach Bild 4.2.1b) ist ein
modifiziertes /1.3/, /4.2/ Gummel-Poon - Modell /4.3/, das sich bei Benutzung
der Modellparameter - Ersatzwerte auf das klassische Ebers-Moll - Modell
/4.4/ reduziert.

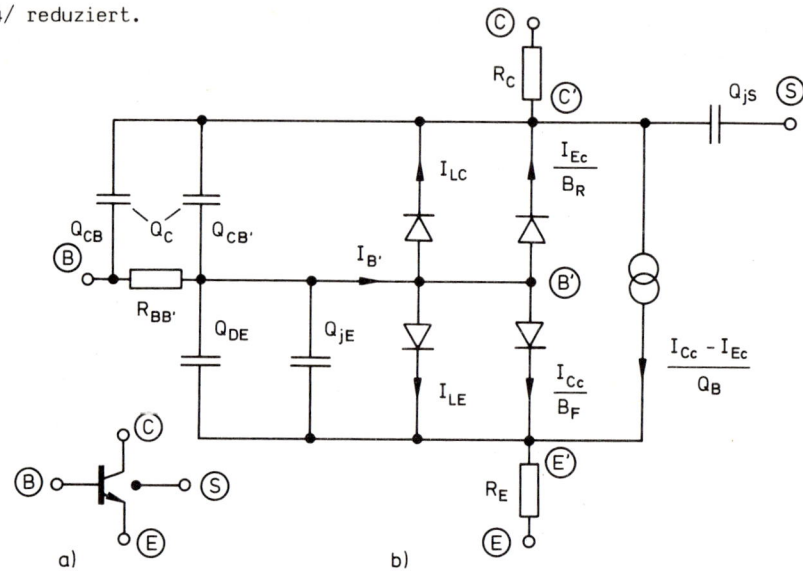

Bild 4.2.1 : a) Schaltsymbol und b) SPICE - Modell des Bipolartransistors

4.2.1 Statisches Verhalten des Bipolartransistors

Der innere Gleichstromtransistor wird durch eine Kollektorstromquelle
beschrieben, die von zwei Diodenströmen (Kap. 4.1) gesteuert wird:

$$I_{Cc} = I_S \left(e^{U_{B'E'}/(n_F U_T)} - 1 \right)$$

$$I_{Ec} = I_S \left(e^{U_{B'C'}/(n_R U_T)} - 1 \right)$$

BF

IS

BR

NF

NR

Der durch Rekombination in den Sperrschichten /4.5,6/ verursachte Abfall der Stromverstärkung bei niedrigen Strömen wird durch die beiden Leckstromdioden modelliert:

$$I_{LE} = I_{SE} (e^{U_{B'E'}/(n_E U_T)} - 1)$$

$$I_{LC} = I_{SC} (e^{U_{B'C'}/(n_C U_T)} - 1)$$

ISE
NE
ISC
NC

Die normierte Majoritätsträgerladung in der Basiszone wird näherungsweise durch die dimensionslose Variable Q_B beschrieben, die von den beiden Variablen Q_1 und Q_2 abhängt:

$$Q_B = Q_1 (1 + (1 + 4 Q_2)^{1/2}) / 2 \qquad .$$

Mit Q_1 wird die Spannungsabhängigkeit der Basisdicke (Early - Effekt) berücksichtigt:

$$Q_1 = 1 / (1 + U_{C'B'}/V_{AF} - U_{B'E'}/V_{AR})$$

VAF
VAR

Bei steigender Kollektor-Basis-Spannung $U_{C'B'}$ werden die Basisdicke bzw. Q_1, und damit Q_B kleiner, und der Kollektorstrom steigt an. Bei kleinen Spannungen und Strömen ($Q_2 \ll 1$) ist $Q_1 = Q_B \approx 1$. Die Größe

$$Q_2 = I_{Cc}/I_{KF} + I_{Ec}/I_{KR}$$

IKF
IKR

beschreibt den Anstieg der Basiszonen - Majoritätsträgerladung bei Hochstrominjektion /4.5,6/ und den damit verbundenen Abfall der Stromverstärkung bei hohen Strömen.

Von den drei Bahnwiderständen sind R_C und R_E konstant und $R_{BB'}$ strom- bzw. spannungsabhängig. Hierfür hat man zwei Möglichkeiten:

RC
RE

1. I_{RB} nicht spezifiziert :

$$R_{BB'} = R_{Bm} + (R_B - R_{Bm})/Q_B$$

RB
RBM

Bei niedrigen Strömen ($Q_B \approx 1$) hat $R_{BB'}$ den hohen Wert $R_{BB'} \approx R_B > R_{Bm}$. Bei hohen Strömen ($Q_B \gg 1$) sinkt dann $R_{BB'}$ auf den Minimalwert R_{Bm} ab .

<u>2.</u> I_{RB} <u>spezifiziert</u> :

$$R_{BB'} = R_{Bm} + 3 (R_B - R_{Bm}) (\tan z - z) / (z \tan^2 z)$$

mit

$$z = 0{,}41123 ((1 + 14{,}59 \, I_{B'}/I_{RB})^{1/2} - 1) /(I_{B'}/I_{RB})^{1/2} \quad . \qquad \text{IRB}$$

Solange der Basisstrom $I_{B'}$ (siehe Bild 4.2.1b) wesentlich kleiner als der Knickstrom I_{RB} ist, ist $z = 3 (I_{B'}/I_{RB})^{1/2} \ll 1$ und damit $R_{BB'} \approx R_B$. Bei $I_{B'} \gg I_{RB}$ wird $z = \pi/2$ und $R_{BB'} = R_{Bm}$. Bei $I_{B'} = I_{RB}$ liegt $R_{BB'}$ in der Mitte zwischen R_B und R_{Bm} .

4.2.2 Dynamisches Verhalten des Bipolartransistors

Entsprechend der PN - Diode wird das dynamische Verhalten des Bipolar- transistors zunächst bestimmt durch die Raumladungen Q_{jE} und Q_{jC} der beiden Sperrschichten, die Diffusionsladungen Q_{DE} und Q_{DC} der in die Basiszone injizierten Minoritätsträger, sowie durch die Raumladung Q_{jS} der isolierenden Kollektor - Substrat - Sperrschicht. Die Raumladungen Q_j werden durch Integration der Kleinsignal - Sperrschichtkapazitäten C_j (siehe Kap. 4.2.4) berechnet:

$$\text{aus} \quad C_j = dQ_j/dU \quad \text{erhält man} \quad Q_j = \int_0^U C_j \, du \quad ,$$

CJE
VJE

$$dQ_{jE}/dU_{B'E'} = C_{jE} = C_{jEo} / (1 - U_{B'E'}/V_{jE})^{m_{jE}} \qquad \text{MJE}$$

CJC

$$dQ_{jC}/dU_{B'C'} = C_{jC} = C_{jCo} / (1 - U_{B'C'}/V_{jC})^{m_{jC}} \qquad \text{VJC}$$

MJC

$$dQ_{jS}/dU_{SC'} = C_{CS} = C_{jSo} / (1 - U_{SC'} /V_{jS})^{m_{jS}} \qquad (4.2.1) \qquad \text{CJS}$$

VJS

allgemeine Form :
MJS

$$dQ_j/dU = C_j = C_{jo} / (1 - U/V_j)^{m_j} \qquad .$$

Da bei $U = V_j$ eine Polstelle auftreten würde, werden die Kapazitätsfunktionen für $U \geq f_c V_j$ linearisiert ($0 < f_c < 1$) :

$$C_j = C_{jo} (1 + m_j(U - f_c V_j)/(V_j - f_c V_j)) / (1 - f_c)^{m_j} \qquad \text{FC}$$

<u>Diffusionsladung der Emitterdiode</u> $Q_{DE} = \tau_{FF} \, I_{Cc}/Q_B$

Die der mittleren Minoritätsträgerlebensdauer in der Basiszone entsprechende Transitzeit τ_{FF} wird bei hohem Strompegel und bei großer Basisdicke vergrößert (Basisdickenmodulation):   TF
                                           XTF
                                           ITF

$$\tau_{FF} = \tau_F \left(1 + X_{\tau F} \, I_{Cc}/(I_{Cc} + I_{\tau F}) \right)^2 \cdot e^{-0,694 \, U_{C'B'}/V} \tau_F \qquad \text{VTF}$$

<u>Diffusionsladung der Kollektordiode</u> $Q_{DC} = \tau_R \, I_{Ec}$ TR

Die Gesamtladung der Kollektordiode $Q_C = Q_{jC} + Q_{DC}$ kann zwischen innerem und äußerem Basisknoten aufgeteilt werden:

$$Q_C = Q_{CB} + Q_{CB'}$$

mit

$$Q_{CB} = (1 - X_{CjC}) \, Q_C \qquad \text{und} \qquad Q_{CB'} = X_{CjC} \, Q_C \qquad \text{.} \qquad \text{XCJC}$$

Die <u>Zusatzphase</u> $\varphi_{\tau F}$ bewirkt eine Verzögerung des Kollektorstroms im Zeitbereich (Einschwinganalyse) und eine zusätzliche Phasendrehung der Transistorsteilheit um $\varphi_{\tau F}$ bei der Transitfrequenz $1/(2\pi \, \tau_F)$ in der Kleinsignalwechselstromanalyse.   PTF

4.2.3   Temperaturabhängigkeit des Bipolartransistors

Ähnlich wie bei der Diode ändern sich einige Transistorparameter mit der Temperatur (Index T) :

<u>Transport - Sättigungsstrom</u> I_S :
                                           XTI

$$I_{ST} = I_S \cdot (T/T_o)^{X_{TI}} \cdot e^{E_g(1 - T_o/T)/U_{To}} \qquad \text{EG}$$

<u>Stromverstärkungen</u> B_F und B_R :

$$B_{FT} = B_F \cdot (T/T_o)^{X_{TB}} \qquad\qquad B_{RT} = B_R \cdot (T/T_o)^{X_{TB}} \qquad \text{XTB}$$

<u>Leck – Sättigungsströme</u> I_{SE} bzw. I_{SC} :

$$I_{SET} = I_{SE} \cdot (T/T_o)^{(X_{TI}/n_E) - X_{TB}} \cdot e^{E_g(1 - T_o/T)} / (n_E U_{To}) \quad .$$

Für I_{SC} gilt obige Formel mit C statt E im Index.

Die Diffusionsspannungen V_{jE} und V_{jC} sowie die Sperrschichtkapazitäten C_{jEo} und C_{jCo} ändern sich mit der Temperatur wie die entsprechenden Diodenparameter V_j und C_{jo} (siehe Kap. 4.1.3).

4.2.4 Kleinsignalmodell des Bipolartransistors

Man erhält das lineare Kleinsignalmodell des Bipolartransistors, wenn man die Kennlinien aller Elemente im Großsignalmodell Bild 4.2.1b) durch Tangenten im Arbeitspunkt A ersetzt.

<u>Linearisierung des inneren Gleichstromtransistors</u> :

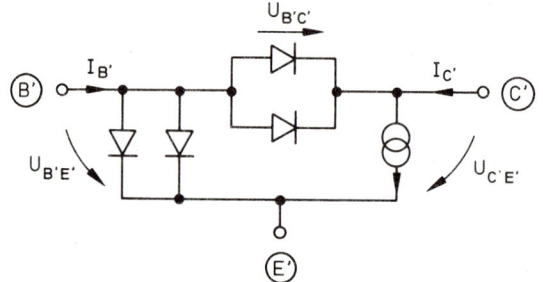

Bild 4.2.2 : Innerer Gleichstromtransistor aus Bild 4.2.1b)

Nach Kap. 4.2.1 sind die Großsignalströme $I_{B'}$ und $I_{C'}$ nichtlineare Funktionen der Großsignalspannungen $U_{B'E'}$ und $U_{B'C'}$:

$$I_{B'} = I_{B'}(U_{B'E'} , U_{B'C'}) = I_B \Big|_A + i_B$$

$$I_{C'} = I_{C'}(U_{B'E'} , U_{B'C'}) = I_C \Big|_A + i_C$$

Die Kleinsignalkomponenten i_B und i_C im Arbeitspunkt A ergeben sich aus den linearen Termen (ersten Ableitungen) der zweidimensionalen Taylorreihen für $I_{B'}$ und $I_{C'}$:

116

$$i_B = \partial I_{B'}/\partial U_{B'E'}\Big|_A \; u_{B'E'} \;+\; \partial I_{B'}/\partial U_{B'C'}\Big|_A \; u_{B'C'}$$

$$i_B = g_\pi \; u_{B'E'} \;+\; g_\mu \; u_{B'C'} \qquad\qquad (4.2.2)$$

$u_{B'E'}$ und $u_{B'C'}$ sind die dem Arbeitspunkt überlagerten Kleinsignalspannungen. Für i_C erhält man

$$i_C = \partial I_{C'}/\partial U_{B'E'}\Big|_A \; u_{B'E'} \;+\; \partial I_{C'}/\partial U_{B'C'}\Big|_A \; u_{B'C'} \qquad .$$

Addiert und subtrahiert man in obiger Gleichung den Term

$$\partial I_{B'}/\partial U_{B'C'}\Big|_A \; u_{B'C'} \qquad \text{und ersetzt man } u_{B'C'} \text{ durch } u_{B'E'} - u_{C'E'} \text{ ,so}$$

ergibt sich $\qquad\qquad i_C = g_m \; u_{B'E'} \;+\; g_0 \; u_{C'E'} \;-\; g_\mu \; u_{B'C'} \qquad . \;(4.2.3)$

Die Gln. (4.2.2) und (4.2.3) enthalten die Abkürzungen

$$g_\pi = \partial I_{B'}/\partial U_{B'E'}\Big|_A \qquad\qquad g_\mu = \partial I_{B'}/\partial U_{B'C'}\Big|_A$$

$$g_m = \partial I_{C'}/\partial U_{B'E'}\Big|_A \;+\; \partial I_{C'}/\partial U_{B'C'}\Big|_A \;+\; \partial I_{B'}/\partial U_{B'C'}\Big|_A \qquad (4.2.4)$$

$$g_0 = -\;\partial I_{C'}/\partial U_{B'C'}\Big|_A \;-\; \partial I_{B'}/\partial U_{B'C'}\Big|_A \qquad .$$

Den beiden Kleinsignalgleichungen (4.2.2) und (4.2.3) ist die Kleinsignalersatzschaltung in Bild 4.2.3 äquivalent:

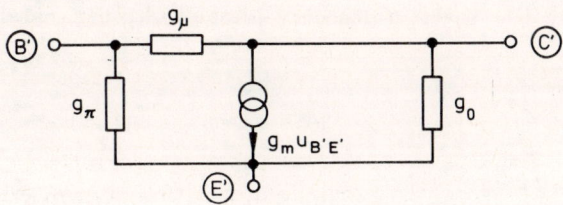

Bild 4.2.3 : Kleinsignalersatzschaltbild des inneren Gleichstromtransistors

Ergänzt man Bild 4.2.3 durch die Bahnwiderstände und die Kleinsignalkapazitäten der nichtlinearen Ladungsspeicher, erhält man das vollständige Kleinsignalmodell in Bild 4.2.4 . Die Kapazität C_π enthält nach Kap. 4.2.2 die Sperrschicht- und Diffusionskapazitäten der Emitterdiode:

$$C_\pi = \partial Q_{jE}/\partial U_{B'E'}\Big|_A + \partial Q_{DE}/\partial U_{B'E'}\Big|_A \qquad .$$

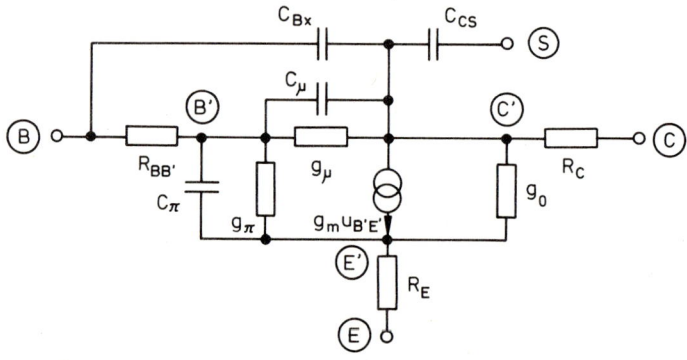

Bild 4.2.4 : Kleinsignalersatzschaltbild des Bipolartransistors

$C_\mu + C_{Bx}$ enthalten die Kleinsignalkapazitäten der Kollektordiode:

$$C_\mu + C_{Bx} = \partial Q_{jC}/\partial U_{B'C'}\Big|_A + \partial Q_{DC}/\partial U_{B'C'}\Big|_A \qquad ,$$

Aufteilung siehe Kap. 4.2.2 .

C_{CS} ist die Sperrschichtkapazität der Substratdiode nach Gl.(4.2.1).

Nach einer Arbeitspunktsanalyse werden unter der Überschrift OPERATING POINT INFORMATION die Werte folgender Transistorkleinsignalelemente ausgegeben:

$$GM = g_m \qquad RPI = 1/g_\pi \qquad RX = R_{BB'} \qquad RO = 1/g_o$$
$$CPI = C_\pi \qquad CMU = C_\mu \qquad CBX = C_{Bx} \qquad CCS = C_{CS}$$
$$BETAAC = \partial I_{C'}/\partial I_{B'}\Big|_A = (g_m - g_\mu)/(g_\pi + g_\mu) \quad , \text{ die AC-Stromverstärkung}$$

$$FT = g_m / (2\pi(C_\pi + C_\mu + C_{Bx})) \quad , \text{ die Transitfrequenz.}$$

Anmerkung : Bild 4.2.4 enthält weder die Gegenkapazitäten, die durch
die $U_{B'C'}$ - Abhängigkeit von Q_{DE} entstehen, noch die Zusatzphase φ_{TF}
der Steilheit, noch die gesteuerten Quellen, die durch die Spannungs-
und Stromabhängigkeiten von $R_{BB'}$ entstehen /4.2/.

4.2.5 Rauschmodell des Bipolartransistors

Das Rauschmodell nach Bild 4.2.5 entsteht aus dem Kleinsignalmodell in
Bild 4.2.4 durch Einbau unkorrelierter Kleinsignalrauschquellen.

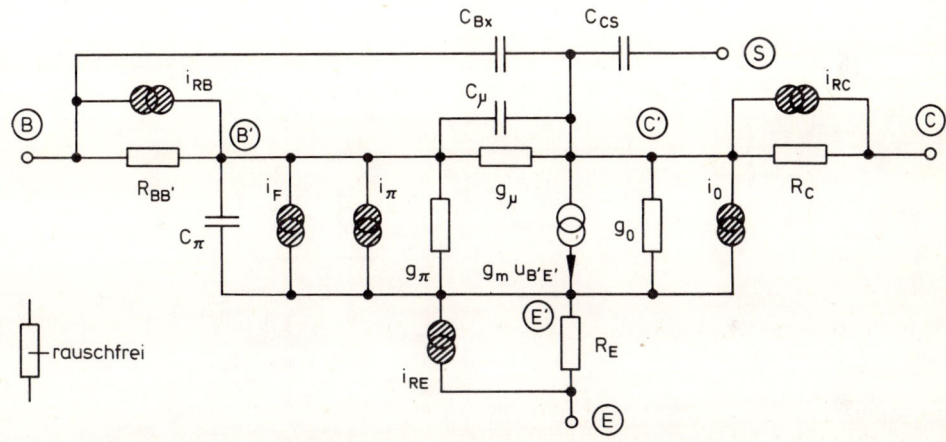

Bild 4.2.5 : Rauschersatzschaltbild des Bipolartransistors

Thermisches Widerstandsrauschen

$$\overline{i_{RB}^2} = 4kT \, df \, / \, R_{BB'}$$

$$\overline{i_{RC}^2} = 4kT \, df \, / \, R_C$$

$$\overline{i_{RE}^2} = 4kT \, df \, / \, R_E$$

Schrotrauschen

$$\overline{i_\pi^2} = 2q \left|I_B\right|_A \, df$$

$$\overline{i_0^2} = 2q \left|I_{C'}\right|_A \, df$$

Funkelrauschen

$$\overline{i_F^2/A^2} = k_F \left|I_{B'}/A\right|_A^{a_F} \, df/f \qquad \begin{matrix} KF \\ AF \end{matrix}$$

119

4.3 Sperrschicht - Feldeffekttransistor   NJF , PJF

Es sind die beiden Arten N - Kanal - Sperrschicht - Feldeffekttransistor mit
dem Kennbuchstaben **NJF** und P - Kanal - Sperrschicht - Feldeffekttransistor
mit dem Kennbuchstaben **PJF** programmierbar; Parameterliste in Tab. 2.5.5 in
Kap. 2.5.3.   Die Parameter werden am Beispiel des **NJF** - Modells, Bild
4.3.1, erläutert.

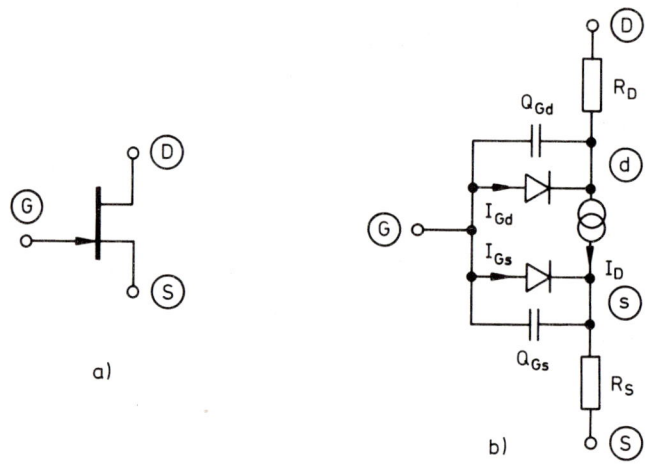

<u>Bild 4.3.1</u> : a) Schaltbild und b) SPICE - Modell des
              N - Kanal - Sperrschicht - Feldeffekttransistors

Die konstanten Bahnwiderstände R_D bzw. R_S liegen zwischen den äußeren,   RD
ohmschen Kontakten D bzw. S und den Rändern d bzw. s der aktiven   RS
Kanalzone.   Die Isolation des Gate wird durch zwei gleiche ideale
Gleichstromdioden und deren Sperrschichtkapazitäten modelliert.   Die
Steuerung des Kanalstroms I_D durch die Gatespannung wird durch eine
Quadratfunktion und der Einfluß der Kanallängenmodulation und der
elektrostatischen Drain-Source-Kopplung durch den Parameter λ
berücksichtigt.

4.3.1 Statisches Verhalten des Sperrschicht - Feldeffekttransistors

Die Gleichungen für die drei Bereiche des Kanalstroms I_D
<u>im normalen Betrieb</u> $U_{ds} > 0$ lauten :

<u>Sperrbereich</u> : $U_{Gs} - V_{To} < 0$

$$I_D = 0$$

<u>Sättigungsbereich</u> : $0 < (U_{Gs} - V_{To}) < U_{ds}$

$$I_D = \beta(U_{Gs} - V_{To})^2 (1 + \lambda U_{ds}) \qquad\qquad \text{BETA}$$

VTO

<u>Widerstandsbereich</u> : $0 < U_{ds} < (U_{Gs} - V_{To})$

$$I_D = \beta U_{ds} (2(U_{Gs} - V_{To}) - U_{ds}) (1 + \lambda U_{ds}) \qquad ; \qquad \text{LAMBDA}$$

<u>im inversen Betrieb</u> $U_{ds} < 0$:

<u>Sperrbereich</u> : $(U_{Gd} - V_{To}) < 0$

$$I_D = 0$$

<u>Sättigungsbereich</u> : $0 < (U_{Gd} - V_{To}) < -U_{ds}$

$$I_D = -\beta(U_{Gd} - V_{To})^2 (1 - \lambda U_{ds})$$

<u>Widerstandsbereich</u> $0 < -U_{ds} < (U_{Gd} - V_{To})$

$$I_D = \beta U_{ds} (2(U_{gd} - V_{To}) + U_{ds}) (1 - \lambda U_{ds}) \qquad .$$

<u>Ideale Gate-Gleichstromdioden</u> :

$$I_{Gs} = I_S (e^{U_{Gs}/U_T} - 1) \qquad\qquad I_{Gd} = I_S (e^{U_{Gd}/U_T} - 1) \qquad\qquad \text{IS}$$

4.3.2 Dynamisches Verhalten des Sperrschicht - Feldeffekttransistors

Das dynamische Verhalten des Sperrschicht - Feldeffekttransistors wird durch die beiden Sperrschichtladungen Q_{Gs} und Q_{Gd} und die damit verknüpften Kleinsignal - Sperrschichtkapazitäten C_{Gs} und C_{Gd} bestimmt:

$$dQ_{Gs}/dU_{Gs} = C_{Gs} = C_{Gso} / (1 - U_{Gs}/\Phi_B)^{1/2} \qquad\qquad \text{CGS}$$
$$\text{PB}$$
$$dQ_{Gd}/dU_{Gd} = C_{Gd} = C_{Gdo} / (1 - U_{Gd}/\Phi_B)^{1/2} \qquad . \qquad \text{CGD}$$

Bei höheren, positiven Diodendurchlaßspannungen $U_{Gs} \geq f_c \Phi_B$ bzw. $U_{Gd} \geq f_c \Phi_B$ werden C_{Gs} bzw. C_{Gd} linearisiert :

$$C_{Gs} = C_{Gso} (1 + 0,5(U_{Gs} - f_c \Phi_B)/(\Phi_B - f_c \Phi_B)) / (1 - f_c)^{1/2} \quad . \quad \text{FC}$$

Für C_{Gd} gilt obige Formel mit d statt s im Index.

4.3.3 Temperaturabhängigkeit des Sperrschicht - Feldeffekttransistors

Die Temperaturabhängigkeiten der Diffusionsspannung Φ_B und der Sperrschichtkapazitäten C_{Gso} und C_{Gdo} sind die gleichen wie bei der Diode (siehe Kap. 4.1.3).

Gate - Sperrsättigungsstrom I_S :

$$I_{ST} = I_S \, e^{\, 1,11V \, (1 - T_o/T) \, / \, U_{To}} \qquad .$$

4.3.4 Kleinsignalmodell des Sperrschicht - Feldeffekttransistors

Linearisiert man das Großsignalmodell in Bild 4.3.1b), so erhält man das Kleinsignalersatzschaltbild in Bild 4.3.2. Die differentiellen Leitwerte der beiden Gate-Dioden sind normalerweise Null (Dioden gesperrt).

$$g_{Gs} = dI_{Gs}/dU_{Gs}\Big|_A = (I_{Gs} + I_S) / U_T\Big|_A$$

$$g_{Gd} = dI_{Gd}/dU_{Gd}\Big|_A = (I_{Gd} + I_S) / U_T\Big|_A \qquad\qquad .$$

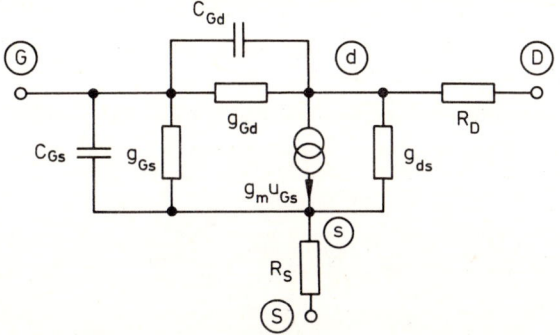

<u>Bild 4.3.2</u> : Kleinsignalersatzschaltbild des
            Sperrschicht – Feldeffekttransistors

Linearisierung des Kanalstroms I_D im Arbeitspunkt A ergibt die Kleinsig-
nalleitwerte g_m und g_{ds},   wobei im normalen Betrieb (siehe Kap.
4.3.1) gilt :

$$I_D = I_D \left(U_{Gs} , U_{ds} \right) = I_D \big|_A + i_D$$

(kleine Formelzeichen bedeuten Kleinsignalgrößen) mit

$$i_D = \partial I_D / \partial U_{Gs} \big|_A u_{Gs} + \partial I_D / \partial U_{ds} \big|_A u_{ds} = g_m u_{Gs} + g_{ds} u_{ds}$$

<u>Im normalen Sättigungsbetrieb</u> gilt dann für den Übertragungsleitwert g_m

$$g_m = \partial I_D / \partial U_{Gs} \big|_A = 2 I_D / \left(U_{Gs} - V_{To} \right) \big|_A$$

und für den Drain – Source – Leitwert g_{ds}

$$g_{ds} = \partial I_d / \partial U_{ds} \big|_A = \lambda I_D / \left(1 + \lambda U_{ds} \right) \big|_A \quad .$$

123

Leitwerte im Widerstandsbereich des normalen Betriebs :

$$g_m = 2 \, \beta \, U_{ds} \, (1 + \lambda U_{ds})\Big|_A \qquad g_{ds} \approx 2 \, \beta \, (U_{gs} - U_{ds} - V_{To})\Big|_A$$

Zur Größe der Kleinsignalkapazitäten C_{Gs} und C_{Gd} siehe Kap. 4.3.2 .
Nach einer Arbeitspunktanalyse werden folgende Kleinsignalmodellelemente ausgegeben:

$$GM = g_m \qquad GDS = g_{ds} \qquad CGS = C_{Gs} \qquad CGD = C_{Gd} \qquad .$$

4.3.5 Rauschmodell des Sperrschicht - Feldeffekttransistors

Das Rauschmodell nach Bild 4.3.3 ist das durch nicht miteinander korre-
lierte Widerstands-, Schrot- und Funkel - Rauschquellen ergänzte
Kleinsignalmodell von Bild 4.3.2 .

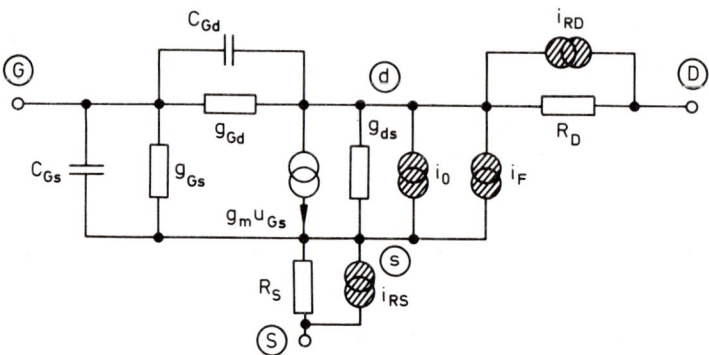

Bild 4.3.3 : Rausch - Ersatzschaltbild des Sperrschicht - FETs

Thermisches Widerstandsrauschen : $\overline{i_{RS}^2} = 4kT \, df / R_S$

$$\overline{i_{RD}^2} = 4kT \, df / R_D$$

Schrotrauschen von I_D : $\overline{i_o^2} = 8kT \, df \, g_m / 3$

Funkelrauschen von I_D : $\overline{i_F^2} = k_F \left|I_D/A\right|_A^{a_F} df/f \qquad .$ KF

AF

4.4 MOS-Feldeffekt-Transistor (MOSFET) NMOS , PMOS

In SPICE kann man drei verschiedene MOSFET-Modelle aufrufen.   Der Parameter
LEVEL gibt an, welches Modell verwendet werden soll.

LEVEL = 1 (=Ersatzwert) ruft das physikalische "First Order Model" nach
Shichman-Hodges /4.7/ auf.

LEVEL = 2 kennzeichnet ebenfalls ein physikalisches Modell, das gegenüber dem
vorhergehenden durch einige Gleichungen und damit zusätzliche Parameter
ergänzt ist,   hauptsächlich,   um die durch die heute verwendete kurze
Kanallänge verursachten Effekte zu beschreiben.

LEVEL = 3 kennzeichnet ein halbempirisches Modell, dessen Parameter durch
Anpassung an Meßkurven gewonnen werden. Es leistet im wesentlichen das
gleiche wie das vorhergehende Modell, benötigt aber bis zu 40% weniger
Rechenzeit.

Im folgenden wollen wir uns auf das "First Order Model" (LEVEL = 1)
beschränken.   Die Bedeutung der Mehrzahl der Parameter aus Tab. 2.5.8   wird
dabei erklärt.   Sie werden am rechten Seitenrand noch einmal abgedruckt,
sobald sie in den Gleichungen zitiert werden.   Die Diskussion der restlichen
Parameter /4.1/,   die für die Beschreibung der komplexeren MOSFET-Modelle
(LEVEL = 2 bzw. 3) nötig sind, würde den Rahmen dieses Buches sprengen.

Aus 2.5.4 entnimmt man, daß zur Charakterisierung eines MOSFETs Angaben über
die Geometrie direkt in der Elementanweisung gegeben werden können, während
die eigentlichen, vorwiegend elektrischen Parameter in der Modellanweisung
für den betreffenden Transistor aufgelistet werden.   Man kann dadurch
Transistoren mit unterschiedlichen geometrischen Abmessungen, die im gleichen Prozeß hergestellt werden, mit unterschiedlichen Elementanweisungen,
aber nur einer Modellanweisung charakterisieren.   Bild 4.4.1 dient zur
Erklärung der verschiedenen Geometrieparameter, die im folgenden am rechten
Seitenrand in Klammern noch einmal abgedruckt werden, sobald sie in den
Gleichungen zitiert werden.

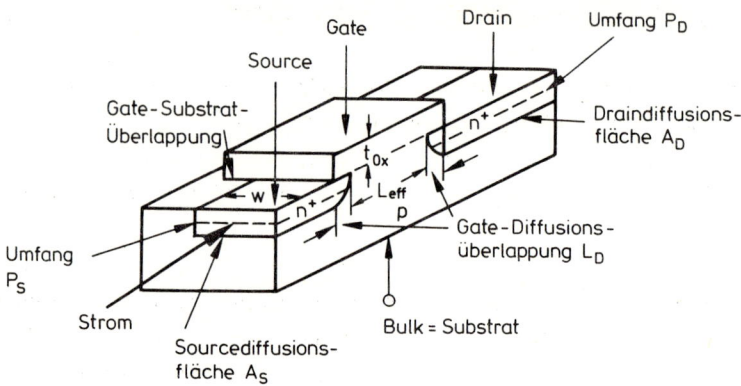

<u>Bild 4.4.1</u> : Schnitt durch einen integrierten N-Kanal-MOSFET

Bild 4.4.2 zeigt das Großsignalersatzschaltbild eines N-Kanal-MOSFETs. (Beim P-Kanal-MOSFET sind die Dioden andersherum gepolt!)

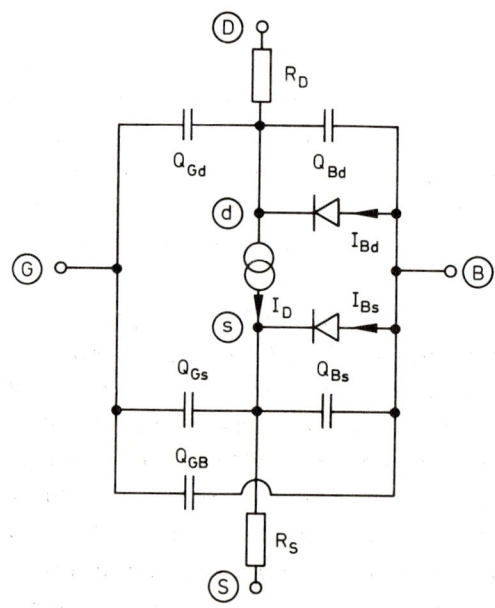

<u>Bild 4.4.2</u> : Großsignalersatzschaltbild des N-Kanal-MOSFETs

4.4.1 Statisches Verhalten des MOSFETs

Die folgenden Gleichungen beschreiben das Gleichstromverhalten eines N-Kanal-MOSFETs. Für den P-Kanal-MOSFET werden die Vorzeichen durch das Programm SPICE entsprechend geändert.

$$I_D = 0$$
   für $U_{Gs} \leq U_{Th}$ (Sperrbereich)

$$I_D = K_p \ (W/L_{eff}) \ (U_{Gs} - U_{Th} - U_{ds}/2)U_{ds}(1 + \lambda U_{ds}) \qquad (4.4.1)$$

KP

LAMBDA

   für $0 < U_{ds} < U_{Gs} - U_{Th}$ und $U_{Gs} > U_{Th}$ (Widerstandsbereich)

(W)

$$I_D = K_p/2 \ (W/L_{eff}) \ (U_{Gs} - U_{Th})^2(1 + \lambda U_{ds}) \qquad (4.4.2)$$

   für $U_{ds} > U_{Gs} - U_{Th}$ und $U_{Gs} > U_{Th}$ (Sättigungsbereich)

mit $U_{Th} = V_{To} + \gamma \ ((\Phi - U_{Bs})^{1/2} - \Phi^{1/2})$

VTO

$$U_{dsat} = U_{Gs} - U_{Th}$$

GAMMA

$$L_{eff} = L - 2L_D$$

PHI

(L)

LD

Werden die Parameter K_p, V_{To}, Φ, γ, nicht eingegeben, werden sie aus anderen eingegebenen Parametern wie folgt berechnet oder, wenn diese nicht vorhanden sind, durch die Default-Parameter nach Tabelle 2.5.8 ersetzt.

$$K_p = u_o C'_{ox}$$

UO

wobei $C'_{ox} = \epsilon_{ox} \ \epsilon_o / t_{ox}$

$\epsilon_{ox} = 3,9$ (rel. Diel.-Konst. des Si-Oxids)

TOX

$\epsilon_o = 8,854214871 \ 10^{-12}$ As/(Vm)

$$\Phi = 2U_T \ \ln(N_{sub}/n_i)$$

NSUB

wobei $n_i = 1,45 \ 10^{16}$ m^{-3} (intrinsic Ladungsträgerdichte)

$U_T = kT/q$ (s.Kap. 4.1.1)

$$\gamma = (2q \ \epsilon_{Si} \ \epsilon_o \ N_{Sub})^{1/2} / C'_{ox}$$

wobei $\epsilon_{Si} = 11,7$ (rel. Diel.-Konst. des Siliziums)

127

$$V_{To} = \Phi_{MS} - qN_{ss}/C'_{ox} + \Phi + \gamma\Phi^{1/2}$$ NSS

mit Φ_{MS} = Differenz der Austrittspotentiale für Elektronen zwischen   TPG
dem Gate-Material (Metall oder Polysilizium) und n- bzw. p-Silizium
(wird mit Hilfe des Parameters TPG und internen Konstanten berechnet).

<u>Bahnwiderstände</u>

RD

Werden die Parameter R_D und R_S nicht eingegeben, werden die Bahnwider-   RS
stände aus dem Diffusionswiderstand/Flächenquadrat R_{sh} und der Anzahl   **RSH**
der Diffusionsquadrate n_{RD} bzw. n_{RS} berechnet, wenn diese Größen einge-   (NRD)
geben worden sind. Anderenfalls werden sie durch Null ersetzt.   (NRS)

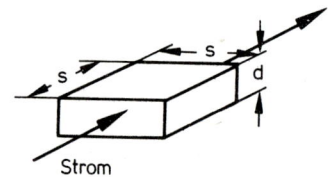

Strom

<u>Bild 4.4.3</u> : Zur Erklärung von R_{sh}

Bild 4.4.3 zeigt ein quadratisches Flächenelement einer Diffusionszone
der Dicke d.   Bekanntlich ist der Widerstand dieses Elements

$$R_{sh} = \rho s/(sd) = \rho/d \quad \text{mit} \quad \rho = \text{spez. Widerstand}$$

somit unabhängig von der Größe des Quadrats.   Man kann also die Diffu-
sionszonen von Drain und Source in quadratische Flächen aufteilen z.B.
der Breite W (s. Bild 4.4.1), dann muß man zur Berechnung des Bahnwi-
derstands nur die Anzahl der Quadrate (n_{RD} für Drain, n_{RS} für Source)
mit dem auf die Dicke der Diffusionsschicht bezogenen spezifischen
Widerstand R_{sh} multiplizieren.   Es gilt also

$$R_D = n_{RD} R_{sh} \quad \text{bzw.} \quad R_S = n_{RS} R_{sh} \; .$$

Drain- bzw. Source-Bulk-Dioden (N-Kanal-MOSFET)

$$I_{Bd} = I_S(e^{U_{Bd}/U_T} - 1) \quad \text{bzw.} \quad I_{Bs} = I_S(e^{U_{Bs}/U_T} - 1) \qquad \textbf{IS}$$

Wird der Parameter I_S nicht eingegeben, gilt
JS
(AD)

$$I_S = J_S A_D \quad \text{bzw.} \quad I_S = J_S A_S \qquad \textbf{(AS)}$$

4.4.2 Dynamisches Verhalten des MOSFETs

Für die Dioden-Kapazitäten gilt bei $U_{Bd} < f_c \Phi_B$ bzw. $U_{Bs} < f_c \Phi_B$ **FC**

CBD

$$dQ_{Bd}/dU_{Bd} = C_{Bd} = C_{Bdo}/(1 - U_{Bd}/\Phi_B)^{m_j} \qquad \begin{array}{c}\textbf{MJ}\\ \textbf{PB}\end{array}$$

$$dQ_{Bs}/dU_{Bs} = C_{Bs} = C_{Bso}/(1 - U_{Bs}/\Phi_B)^{m_j} \qquad \textbf{CBS}$$

Werden die Parameter C_{Bdo} bzw. C_{Bso} nicht eingegeben, gilt   **CJ**

CJSW

$$C_{Bd} = C'_j A_D/(1 - U_{Bd}/\Phi_B)^{m_j} + C'_{jsw} P_D/(1 - U_{Bd}/\Phi_B)^{m_{jsw}} \quad . \qquad \textbf{(PD)}$$

MJSW

(PS)

Für $U_{Bd} \geq f_c \Phi_B$ gilt

$$C_{Bd} = \quad C'_j A_D (1 + m_j(U_{Bd} - f_c\Phi_B)/(\Phi_B - f_c\Phi_B))/(1 - f_c)^{m_j} +$$
$$+ C'_{jsw} P_D (1 + m_{jsw}(U_{Bd} - f_c\Phi_B)/(\Phi_B - f_c\Phi_B))/(1 - f_c)^{m_{jsw}}$$

Obige Gleichungen gelten für C_{Bs}, wenn U_{Bd} durch U_{Bs} ersetzt wird.
Wird der Parameter C_j' nicht eingegeben, wird er mit folgender Gleichung errechnet

$$C'_j = (\epsilon_{Si} \epsilon_o \, qN_{Sub}/(2\Phi_B))^{1/2}$$

Für die restlichen Kapazitäten gilt

a) Sperrbereich

$$dQ_{Gs}/dU_{Gs} = C_{Gs} = C_{GsOVL} = C'_{Gso}W \qquad\qquad\qquad CGSO$$

$$dQ_{Gd}/dU_{Gd} = C_{Gd} = C_{GdOVL} = C'_{Gdo}W \qquad\qquad\qquad CGDO$$

$$dQ_{GB}/dU_{GB} = C_{GB} = C'_{ox}W\, L_{eff} + C_{GBOVL} = C'_{ox}W\, L_{eff} + C'_{GBo}L_{eff} \qquad CGBO$$

b) Widerstandsbereich

$$C_{Gs} = 2/3\ C'_{ox}W\, L_{eff}\ (\ 1 - (U_{dsat} - U_{ds})^2/(2U_{dsat} - U_{ds})^2\ ) + C_{GsOVL}$$

$$C_{Gd} = 2/3\ C'_{ox}W\, L_{eff}\ (\ 1 - U_{dsat}^2/(2U_{dsat} - U_{ds})^2\ ) + C_{GdOVL}$$

$$C_{GB} = C_{GBOVL}$$

c) Sättigungsbereich

$$C_{Gs} = 2/3\ C'_{ox}W\, L_{eff}$$

$$C_{Gd} = C_{GdOVL}$$

$$C_{GB} = C_{GBOVL} \quad .$$

4.4.3 Temperaturabhängigkeit des MOSFETs

Die Temperaturabhängigkeit des Substrat-Sperrschichtpotentials Φ_B ist die gleiche wie die der Diffusionsspannung V_j bei der Diode (s. Kap. 4.1.3). Die Temperaturabhängigkeiten der Sperrschichtkapazitäten C_{Gdo} und C_{Gso} sind die gleichen wie bei der Diode.

Sperrsättigungsstrom : $I_{ST} = I_S\, e^{(-E_{ST}/U_T)} + (E_{STo}/U_{To})$ (s. Kap. 4.1.3)

Oberflächenbeweglichkeit : $u_{oT} = u_o\ (T/T_o)^{-3/2}$

Übertragungsleitwert-Parameter : $K_{pT} = K_p\ (T/T_o)^{-3/2}$

4.4.4 Kleinsignalmodell des MOSFETs

Das lineare Kleinsignalmodell für einen MOSFET nach Bild 4.4.4 gilt nur für kleine Signale im Gleichstromarbeitspunkt "A".

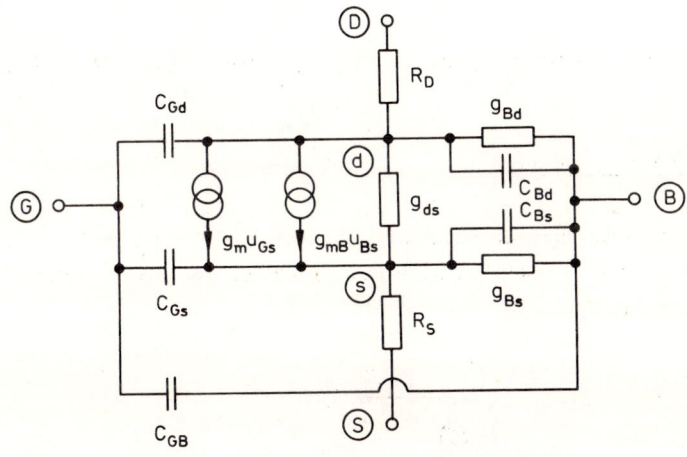

Bild 4.4.4 : Kleinsignalmodell des MOSFETs

Für die differentiellen Leitwerte gilt, wobei alle elektrischen Größen für den Arbeitspunkt gelten

$$g_{Bd} = dI_{Bd}/dU_{Bd}\Big|_A \approx I_{Bd}/U_T \quad , \quad g_{Bs} = dI_{Bs}/dU_{Bs}\Big|_A \approx I_{Bs}/U_T$$

$$g_m = dI_D/dU_{Gs}\Big|_A \begin{cases} = K_p\ W/L_{eff}\ U_{ds}\ (1 + \lambda U_{ds}) & \text{(Widerstandsbereich)} \\ = 2I_D/(U_{Gs} - U_{Th}) \approx 2((K_p/2)(W/L_{eff})I_D)^{1/2} & \text{(Sätt.-ber.)} \end{cases}$$

$$(4.4.3)$$

$$g_{ds} = dI_D/dU_{ds}\Big|_A \begin{cases} \approx K_p\ (W/L_{eff})\ (U_{Gs} - U_{Th} - U_{ds\cdot}) & \text{(Widerstandsbereich)} \\ = \lambda I_D/(1 + \lambda U_{ds}) \approx \lambda I_D & \text{(Sättigungsbereich)} \end{cases}$$

$$(4.4.4)$$

$$g_{mB} = dI_D/dU_{Bs}\Big|_A = g_m\gamma/(2(\Phi - U_{Bs})^{1/2})$$

Die Kapazitäten wurden schon im Abschnitt 4.4.2 eingeführt, wobei hier in den Formeln die Spannungen im Arbeitspunkt einzusetzen sind. Nach einer Gleichstromarbeitspunktsanalyse werden folgende Kleinsignalmodellelemente ausgegeben:

$$GM = g_m \quad GDS = g_{ds} \quad GMB = g_{mB} \quad CBD = C_{Bd} \quad CBS = C_{Bs} \quad CGSOVL = C_{GsOVL}$$

$$CGDOVL = C_{GdOVL} \quad CGBOVL = C_{GBOVL} \quad CGS = C_{Gs} \quad CGD = C_{Gd} \quad CGB = C_{GB} \cdot$$

4.4.5 Rauschmodell des MOSFETs

Ergänzt man das Kleinsignalersatzschaltbild des MOSFETs durch Rauschquellen der Bahnwiderstände und des Drainstroms, so erhält man das Rauschmodell des MOSFETs Bild 4.4.5.

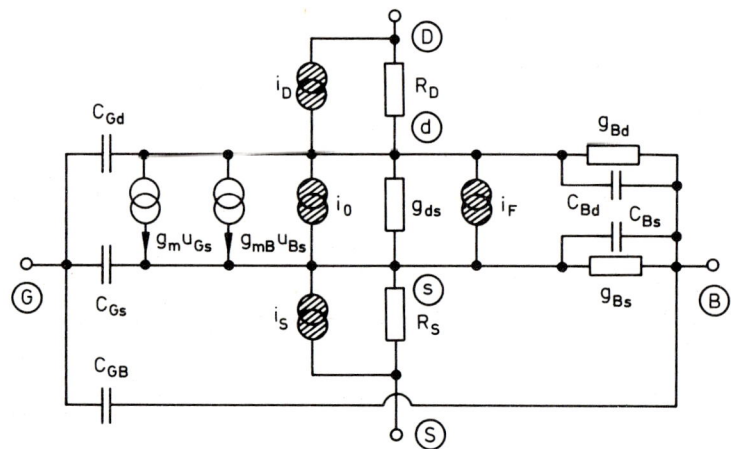

Bild 4.4.5 : Rauschmodell des MOSFETs

Für die mittleren Quadrate der spektralen Rauschstromquellen gilt:

Rauschen der Bahnwiderstände : $\overline{i_D^2}/df = 4kT/R_D \qquad \overline{i_S^2}/df = 4kT/R_S$

Schrotrauschen von I_D : $\overline{i_o^2}/df = 8kTg_m/3$

Funkelrauschen von I_D : $\overline{i_F^2}/(A^2df) = k_F/(C'_{ox}W \, Leff) \left| I_D/A \right|^{a_F} \, 1/f$ **KF**

                                                                                    A **AF**

5 Teilschaltungen .SUBCKT

Gleiche Schaltungskomplexe, die in einer größeren Schaltung mehrfach auftreten, brauchen nur einmal als Teilschaltung (subcircuit) programmiert werden und können dann an mehreren Stellen der äußeren Schaltung eingebettet werden. In Kap. 5.2 wird das Makromodell des Operationsverstärkers als Beispiel für eine häufig benutzte Teilschaltung beschrieben.

5.1 Allgemeine Teilschaltung

Die Elementanweisungen einer Teilschaltung müssen von der .SUBCKT - Anweisung als erster Anweisung und der .ENDS - Anweisung als letzter Anweisung eingerahmt werden:

Anweisungen zur Definition einer Teilschaltung :

        .SUBCKT   subname   ausknoten
        beschreibung der teilschaltung
        .ENDS   <subname>

Dem Steuerwort .SUBCKT , das dem Rechner den Beginn einer Teilschaltung signalisiert, folgt ein beliebiger Name subname für die Teilschaltung, der auf den X - Anweisungen zur Einbettung der Teilschaltung in die äußere Schaltung, s.u., zitiert wird. subname muß mit einem Buchstaben beginnen. Dem Namenfeld folgen die ausknoten - Felder, das sind die Knotennummern derjenigen Knoten der Teilschaltung, die bei der Einbettung mit der äußeren Schaltung verbunden werden (Übergabeknoten). Die ausknoten - Felder dürfen nicht die Knotennummer Null enthalten, da der Teilschaltungsknoten Null automatisch mit dem Knoten Null der äußeren Schaltung verbunden wird. Die der .SUBCKT - Anweisung folgenden Anweisungen beschreiben die Teilschaltung in der üblichen Weise. Als Knotennummern der Teilschaltung dürfen alle positiven ganzen Zahlen benutzt werden, unabhängig davon, ob es sich um innere oder äußere Teilschaltungsknoten handelt und ohne Rücksicht auf Knotennummern der äußeren Schaltung. Die Knotennummer Null darf nur (muß aber nicht) einem inneren Teilschaltungsknoten zugeordnet werden, der damit automatisch mit dem Knoten Null der äußeren Schaltung verbunden wird (s.o.). Die Beschreibung einer Teilschaltung wird mit der .ENDS - Anweisung

abgeschlossen.   Eine Teilschaltung kann auch weitere Teilschaltungen enthalten (verschachtelte Teilschaltungen), die in der oben beschriebenen Form
programmiert werden müssen.   Im Falle verschachtelter Teilschaltungen folgt
in der .ENDS - Anweisung der Name subname derjenigen Teilschaltung, die
gerade abgeschlossen wird.   Wird kein Name angegeben, werden alle noch
offenen Teilschaltungen abgeschlossen.   Die   in   einer   Teilschaltung
benötigten Halbleitermodelle können entweder aus der äußeren Schaltung
zitiert werden (falls dort vorhanden) oder in der Teilschaltung selbst auf
eigenen .MODEL - Anweisungen definiert werden.   .MODEL - Anweisungen, die
nur in einer Teilschaltung vorhanden sind (sog. lokale .MODEL - Anweisungen)
können nicht in der äußeren Schaltung zitiert werden.   Das gleiche gilt für
Teilschaltungen,   die nur in einer anderen Teilschaltung verschachtelt sind
(sog. lokale Teilschaltungen).   Andererseits können in einer Teilschaltung
andere Teilschaltungen, die in der äußeren Schaltung definiert sind,
eingebettet werden.   Die Einbettung von Teilschaltungen darf nicht zirkular
sein,   d.h. wenn Teilschaltung A die Teilschaltung B eingebettet enthält,
darf Teilschaltung B nicht auch Teilschaltung A eingebettet enthalten.

Die Einbettung einer Teilschaltung in die äußere Schaltung (oder in eine
andere Teilschaltung) an einer oder an mehreren Stellen erfolgt durch eine
oder mehrere X - Anweisungen:

X - Anweisung zur Einbettung einer Teilschaltung :

    Xname   anknoten   subname

Die eingebettete Teilschaltung subname wird also wie ein Pseudo-Schaltelement
behandelt: Das erste Feld muß mit einem X beginnen, unmittelbar gefolgt von
einem beliebigen kennzeichnenden Namen für die an dieser Stelle der äußeren
Schaltung eingebetteten Teilschaltung.   Es folgen die Nummern anknoten
derjenigen Knoten der äußeren Schaltung, an die die Teilschaltung angeschlossen werden soll, in der Reihenfolge der ausknoten auf der
.SUBCKT - Anweisung subname.   Das letzte Feld subname enthält den auf der
entsprechenden .SUBCKT - Anweisung definierten Namen der einzubettenden
Teilschaltung.   Beispiele für Definition und Einbettung von Teilschaltungen
siehe Kap. 7.3 und 7.6 .

5.2 Makromodell eines bipolaren Operationsverstärkers

Obwohl es prinzipiell keine Schwierigkeit bereitet, das Schaltbild eines
integrierten Operationsverstärkers in SPICE umzusetzen, scheitert die
quantitative Analyse oft daran, daß die Modellparameter der vielen, in
einem Operationsverstärker verwendeten Transistoren nicht bekannt sind und
auch durch Messungen an den Anschlüssen nicht bestimmt werden können. Es
ist deshalb wünschenswert, ein Ersatzschaltbild eines Operationsverstärkers
zu haben, das möglichst alle Eigenschaften der Schaltung zu simulieren
gestattet, dessen Parameter aber leicht durch Messungen an den Anschlüssen
bzw. aus Datenblattangaben gewonnen werden können. Ein solches
ausführliches Ersatzschaltbild heißt "Makromodell" und ist in /5.1/
angegeben.   In /5.2/ wurde im Rahmen eines hochschuldidaktischen Projekts
dieses Makromodell näher untersucht, ausführlich erläutert und auf
SPICE-Simulationen der wesentlichen Eigenschaften von Standard-
Operationsverstärkern (uA741) angewendet.

Hier soll nur das Schaltbild des Makromodells (Bild 5.1) und ohne Ableitung
die Gleichungen angegeben werden, die es gestatten, aus den Datenblattangaben die Modellparameter zu berechnen. Tabelle 5.1 zeigt eine Zusammen-
stellung der Datenblattbezeichnungen, der in den Formeln zur Berechnung der
Makromodellparameter verwendeten Formelzeichen und der Zahlenwerte für einen
typischen Operationsverstärker (uA741). Tabelle 5.2 zeigt die Gleichungen
zur Berechnung der Makromodellparameter mit ausgerechneten Werten für den
Operationsverstärker uA741. Bild 5.2 zeigt die SPICE-Anweisungen, die zur
Beschreibung des Makromodells des uA741 als Teilschaltung notwendig sind.
In Kap. 7.6 wird diese Teilschaltung bei der Simulation eines aktiven
Bandpaßfilters benutzt.

Bild 5.3 zeigt zum Vergleich das wirkliche Schaltbild des integrierten
Operationsverstärkers uA741 (Device-Modell) und Bild 5.4 die diesem Schalt-
bild entsprechenden SPICE-Anweisungen zur Beschreibung der Teilschaltung.
Die Parameter für die Transistoren sind den von der University of California,
Berkeley mitgelieferten Beispielen zum Programm SPICE 1 entnommen.

Bei der in Kap 7.6 simulierten Bandpaßschaltung ergab sich bei praktisch
gleichen Ergebnissen, daß die Rechenzeit bei Verwendung des Makromodells für
die Operationsverstärker etwa um den Faktor drei kleiner war als bei Verwendung des Device-Modells.

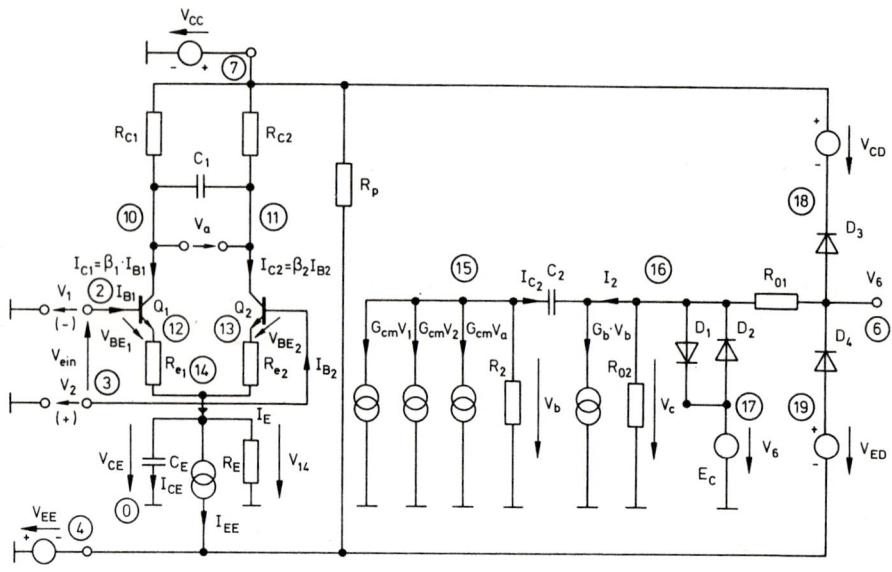

Bild 5.1 : Makromodell eines bipolaren Operationsverstärkers

Datenblattbezeichnung	Formelz./Einh.	uA741
Kompensationskapazität	C_2 / F	30 pF
Slew Rate (pos. Flanke)	S_R^+ / (V/us)	0,5 V/us
Slew Rate (neg. Flanke)	S_R^- / (V/us)	0,4 V/us
Eingangsstrom	I_B / A	80 nA
Eingangs-Offset-Strom	I_{BOS} / A	10 nA
Eingangs-Offset-Spannung	V_{OS} / V	1 mV
0 dB-Frequenz	f_{0dB} / Hz	1 MHz
Phasenänd. durch 2. Pol bei f_{0dB}	$\Delta\phi$ / °	5°
Verlustleistung	P_d / W	50 mW
Gleichtaktunterdrückung	CMRR	31095,78(90dB)
Ausgangswid. bei höheren Frequenzen	R_{o-ac} / Ohm	37,5 Ohm
Ausgangswid. bei Gleichspannung	R_{out} / Ohm	75 Ohm
Leerlaufgleichspannungsverstärkung	a_{VD}	200000(106dB)
Kurzschlußstrom am Ausgang	I_{sc} / A	25 mA
max. pos. Ausgangsspannung	V_{out}^+ / V	14 V
max. neg. Ausgangsspannung	V_{out}^- / V	-14 V

Tab. 5.1 : Datenblattangaben zur Berechnung der Makromodell-Parameter

V_T $= 25,85$ mV

I_{S1} $= I_{SD3} = I_{SD4} = 8 \cdot 10^{-16}$ A $= I_S$ in Q_1 $\Big\}$ vorgegeben

R_2 $= 100$ kOhm

I_{c1} $= I_{c2} = (C_2/2) S_R^+ = 7,5$ uA

C_E $= 2I_{c1}/S_R^- - C_2 = 7,5$ pF

I_{B1} $= I_B + I_{BOS}/2 = 85$ nA

I_{B2} $= I_B - I_{BOS}/2 = 75$ nA

β_1 $= I_{c1}/I_{B1} = 88,235 = $ BF in Q_1

β_2 $= I_{c2}/I_{B2} = 100 \quad = $ BF in Q_2

I_{EE} $= I_{B1} + I_{B2} + 2I_{c1} = 15,16$ uA

R_E $= 200$ V$/I_{EE} = 13,2$ MOhm

I_{S2} $= I_{S1} e^{V_{OS}/V_T} = 8,3155 \cdot 10^{-16}$ A $= I_S$ in Q_2

$1/g_{m1}$ $= V_T/I_{c1} = 3447$ Ohm

R_{c1} $= R_{c2} = 1/(2\pi f_{0dB} C_2) = 5305$ Ohm

R_{e1} $= (R_{c1} - 1/g_{m1})\beta_1/(\beta_1 + 1) = 1837,2$ Ohm

R_{e2} $= (R_{c1} - 1/g_{m1})\beta_2/(\beta_2 + 1) = 1839,6$ Ohm

C_1 $= (C_2/2) \tan(\Delta\phi) = 1,3$ pF

R_p $= (V_{CC} - V_{EE})^2/(P_d - 2I_{c1}V_{CC} + I_{EE}V_{EE}) = 18,16$ kOhm

G_a $= 1/R_{c1} = 188,5$ uS

G_{cm} $= 1/(2R_{c1}$ CMRR$) = 3,03$ nS

R_{o1} $= R_{o-ac} = 37,5$ Ohm

R_{o2} $= R_{out} - R_{o-ac} = 37,5$ Ohm

G_b $= a_{VD} R_{c1}/(R_2 R_{o2}) = 282,93$ S

I_x $= 2I_{c1}G_b R_2 - I_{sc} = 424,155$ A

I_{SD1} $= I_{SD2} = I_x e^{-R_{o1}I_{sc}/V_T} = 7,5335 \cdot 10^{-14}$ A

V_{CD} $= V_{CC} - V_{out}^+ + V_T \ln(I_{sc}/I_{SD3}) = 1,8032$ V

V_{ED} $= -V_{EE} + V_{out}^- + V_T \ln(I_{sc}/I_{SD4}) = 1,8032$ V

Tab. 5.2 : Gleichungen zur Berechnung der OP-Makromodellparameter

```
.SUBCKT UA741 2 3 6              .SUBCKT UA741 2 3 6
* 2 = - E, 3 = + E, 6 = A        * 2=-E , 3=+E , 6=A
VEE 4 0 DC -15                   VEE 4 0 DC -15
VCC 7 0 DC  15                   VCC 7 0 DC 15
RC1 7 10 5305                    R1 1 4 1K
RC2 7 11 5305                    R2 15 4 50K
RE1 12 14 1837.2                 R3 5 4 1K
RE2 13 14 1839.6                 R4 17 4 5K
RE 14 0 13.2MEG                  R5 18 16 39K
RP 7 4 18.16K                    R6 22 23 4.5K
R2 15 0 100K                     R7 20 23 7.5K
RO2 16 0 37.5                    R8 21 4 50K
RO1 16 6 37.5                    R9 19 4 50
C2 15 16 30P                     R10 24 6 25
C1 10 11 1.3P                    R11 6 25 50
CE 14 0 7.5P                     C 22 14 30P
D1 16 17 D1                      Q1 9 3 10 NPN
D2 17 16 D1                      Q2 12 13 10 PNP
D3 6 18 D3                       Q3 9 2 11 NPN
D4 19 6 D3                       Q4 14 13 11 PNP
Q1 10 2 12 Q1                    Q5 12 15 1 NPN
Q2 11 3 13 Q2                    Q6 14 15 5 NPN
VCD 7 18 DC 1.8032               Q7 7 12 15 NPN
VED 19 4 DC 1.8032               Q8 9 9 7 PNP
IE 14 4 DC 15.16U                Q9 13 9 7 PNP
GCM1 15 0 2 0 3.03N              Q10 13 16 17 NPN
GCM2 15 0 3 0 3.03N              Q11 16 16 4 NPN
GA 15 0 10 11 188.5U             Q12 18 18 7 PNP
GB 16 0 15 0 282.93              Q13 14 19 4 NPN
EC 17 0 6 0 1                    Q14 20 14 21 NPN
.MODEL D1 D IS=7.5335E-14        Q15 22 18 7 PNP
.MODEL D3 D IS=8E-16             Q16 22 23 20 NPN
.MODEL Q1 NPN IS=8E-16 BF=88.235 Q17 20 21 19 NPN
.MODEL Q2 NPN IS=8.3155E-16 BF=100 Q18 22 24 6 NPN
.ENDS                           Q19 7 22 24 NPQ
                                Q20 4 20 25 PNQ
                                Q21 6 6 23 NPN
                                .MODEL NPN NPN BF=160 RB=100 CJS=2P
                                +TF=0.3N TR=6N CJE=3P CJC=2P VAF=100
                                .MODEL NPQ NPN BF=160 RB=100 CJS=2P
                                +TF=0.3N TR=6N CJE=3P CJC=2P VAF=100 IS=2P
                                .MODEL PNP PNP BF=20 RB=20 TF=1N TR=20N
                                +CJE=6P CJC=4P VAF=100
                                .MODEL PNQ PNP BF=20 RB=20 TF=1N TR=20N
                                +CJE=6P CJC=4P VAF=100 IS=2P
                                .ENDS
```

Bild 5.2 : SPICE-Anweisungen zur Be-   Bild 5.4 : SPICE-Anweisungen zur Beschreibung des Makromodells   schreibung des Device-Mo-
als Teilschaltung   dells als Teilschaltung

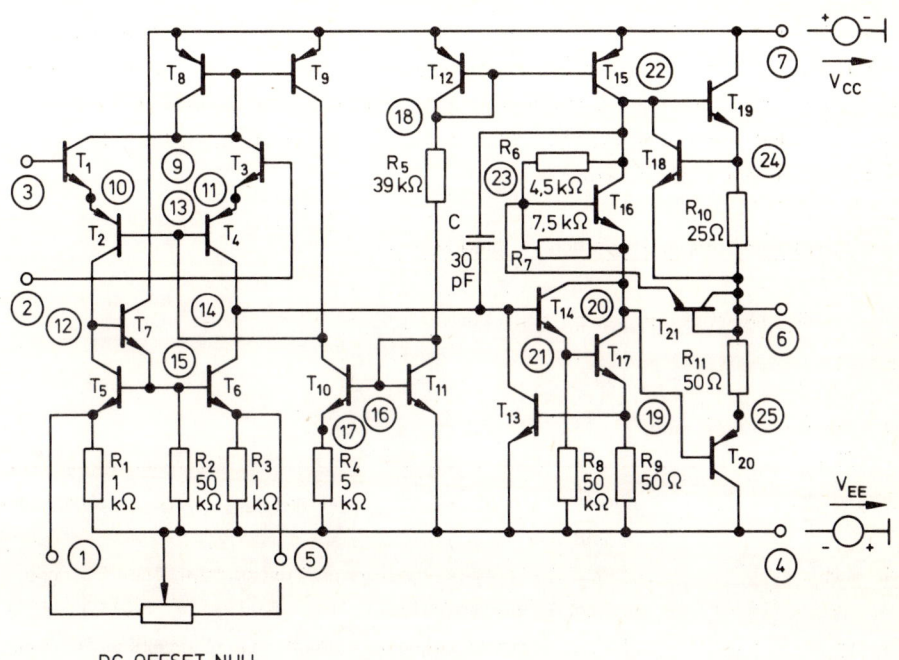

DC OFFSET NULL

<u>Bild 5.3</u> : Schaltbild des Operationsverstärkers uA741 (Device-Modell)

6 Optionen .OPTIONS

Mit Hilfe der .OPTIONS - Anweisung kann der Benutzer in den Programmablauf eingreifen um z.B. Konvergenzschwierigkeiten zu beseitigen, höhere Genauigkeiten zu erreichen oder Ersatzwerte zu verändern. In beliebiger Reihenfolge ist jede Kombination der folgenden Optionen zulässig. Das Zeichen x bedeutet eine positive Zahl.

<u>Allgemeine Form der Optionen - Anweisung</u> :

.OPTIONS option$_a$ <option$_b$ <usw>>

Nr.	Option	Ersatzwert	Wirkung
1	ACCT		Bewirkt Ausdruck der Programm- und Laufzeitstatistiken siehe Kap. 6.1 .
2	LIST		Bewirkt Ausdruck von Listen zusammengefaßter Eingabedaten. Empfehlenswert zur Kontrolle der korrekten Schaltungsbeschreibung und des korrekten Einbaus externer Modelle.
3	NOMOD		Unterdrückt den Ausdruck der Modellparameter.
4	NOPAGE		Unterdrückt den Seitenvorschub.
5	NODE		Bewirkt den Ausdruck der Knotentabelle.
6	OPTS		Bewirkt den Ausdruck der Optionenwerte.
7	GMIN=x	10^{-12}	Setzt den kleinsten erlaubten Leitwert G_{min} auf den Wert x in S .
8	RELTOL=x	10^{-3}	Setzt die relative Fehlertoleranz des Programms auf den Wert x .
9	ABSTOL=x	10^{-12}	Setzt die absolute Fehlertoleranz des Stroms auf den Wert x in A .
10	VNTOL=x	10^{-6}	Setzt die absolute Fehlertoleranz der Spannung auf den Wert x in V .
11	TRTOL=x	7	Setzt den Parameter der Fehlertoleranz bei der Einschwinganalyse auf den Wert x . Dieser Parameter ist ein Näherungswert für den Faktor, mit dem SPICE den aktuellen Integrationsfehler nach oben abschätzt.

<u>Tab. 6.1</u> : Optionen und ihre Bedeutungen

Nr.	Option	Ersatzwert	Wirkung

---

12 CHGTOL=x 10^{-14} Setzt die absolute Fehlertoleranz der Ladung auf den Wert x in C .

13 PIVTOL=x 10^{-13} Setzt eine Schranke auf den Wert x , die der Betrag eines Matrizenelements überschreiten muß, um als Pivotelement gewählt werden zu können.

14 PIVREL=x 10^{-3} Setzt das Verhältnis von größtem Spaltenelement zu einem zulässigen Pivotwert auf den Wert x. Der kleinstzulässige Pivotwert wird bestimmt durch EPSREL = = AMAX1(PIVREL MAXVAL, PIVTOL), wobei MAXVAL das größte Element der Spalte ist, in der ein Pivotelement gesucht wird (partielle Pivotisierung).

15 NUMDGT=x 4 Bewirkt Ergebnisausdruck mit x signifikanten Stellen, wobei $1 \leq x \leq 7$ sein darf. Diese Option beeinflußt nicht die Fehlertoleranzen und die Rechengenauigkeit von SPICE und nicht die Stellenzahl der unabhängigen Variablen.

16 TNOM=x 27 Setzt die Nominaltemperatur ϑ_0 der Schaltung auf den Wert x in $^\mathrm{o}$C .

17 ITL1=x 100 Begrenzt die Anzahl der Iterationen bei der Gleichstromanalyse auf den Wert x .

18 ITL2=x 50 Begrenzt die Anzahl der Iterationen pro Punkt bei der Gleichstromkennlinienanalyse auf den Wert x .

19 ITL3=x 4 Setzt die Mindestanzahl der Iterationen pro Zeitpunkt bei der Einschwinganalyse auf den Wert x .

20 ITL4=x 10 Begrenzt die Anzahl der Iterationen pro Zeitpunkt der Einschwinganalyse auf den Wert x .

21 ITL5=x 5000 Begrenzt die Gesamtzahl der Iterationen bei der Einschwinganalyse auf x. ITL5=∅ hebt die obere Grenze ganz auf.

Tab. 6.1 : Optionen und ihre Bedeutungen (Fortsetzung)

Nr. Option Ersatzwert   Wirkung

----

22 ITL6=x   0   Begrenzt die Anzahl der Iterationen bei der Source-
                      Stepping - Methode auf den Wert x . x=0 bedeutet, daß
                      diese (langsamere) Methode nicht benutzt wird. Die
                      Methode dient zur Bestimmung des Gleichstromarbeitspunk-
                      tes mittels einer Gleichstrom - Übertragungskennlinie.
                      Der Vektor E der unabhängigen Quellenwerte wird durch
                      E = a S bestimmt, wobei S = Vektor der wahren Quellen-
                      werte und a = Skalar , $0 \leq a \leq 1$.   a wird allmählich
                      von Null bis Eins erhöht. Bei jedem Schritt wird a um ei-
                      nen Betrag erhöht, für den mit dem nicht modifizierten
                      Newton - Raphson - Algorithmus Konvergenz erreicht wird.

23 CPTIME=x   Begrenzt die maximal zulässige CPU - Zeit
                      auf den Wert x in s .

24 LIMTIM=x   2   Setzt für den Fall, daß die CPU - Zeit die SPICE - Analy-
                      se beendet, die für Plot - Erzeugung reservierte Zeit auf
                      den Wert x in s .

25 LIMPTS=x   201   Setzt die maximal zulässige Zahl von Ergebnispunkten bei
                      der .DC-, .AC- oder .TRAN- Analyse auf den Wert x .

26 LVLCOD=x   2   Nur bei CDC - Computern: Nur bei x=2 wird Maschinencode
                      für die Matrizenlösung generiert.

27 LVLTIM=x   2   Wahl der Methode zur automatischen Bestimmung des Zeit-
                      schritts bei der Einschwinganalyse. x=1 : Iterations-
                      Zeitschrittsteuerung: Ist die Zahl der Iterationen klei-
                      ner als ITL3 , wird der Zeitschritt verdoppelt ; ist die
                      Iterationszahl größer als ITL4 , wird der Zeitschritt
                      durch 8 geteilt. Vorteil: geringerer Rechenaufwand, Nach-
                      teil: die wahre Änderungsrate der Variablen wird nicht
                      berücksichtigt. x=2 : Integrationsfehler-Zeitschritt-
                      steuerung. Vorteil : definierte Fehlergrenze der Varia-
                      blen, Nachteil: etwas höhere Rechenzeit.
                      Wenn METHOD=GEAR und MAXORD>2 wählt SPICE x=2 .

        Tab. 6.1 : Optionen und ihre Bedeutungen (Fortsetzung)

Nr. Option Ersatzwert   Wirkung

----

28 **METHOD**=n TRAP Legt die von SPICE benutzte numerische Integrationsmetho-
                        de fest.   Mögliche Namen n   sind   n=**GEAR** /6.1/ oder
                        n=TRAP<EZOIDAL>   /6.2/ .

29 **MAXORD**=x   2   Nur bei **GEAR** – Methode : Setzt die maximale Ordnungszahl
                        auf den Wert x , wobei $2 \leq x \leq 6$ sein darf.

30 **DEFL**=x   100   Setzt die MOS – Kanallänge auf den Wert x in um .
31 **DEFW**=x   100   Setzt die MOS – Kanalbreite auf den Wert x in um .
32 **DEFAD**=x   0   Setzt die MOS – Draindiffusionsfläche auf d. Wert x in m^2
33 **DEFAS**=x   0   Setzt die MOS – Sourcediffus.fläche auf den Wert x in m^2.

Tab. 6.1 : Optionen und ihre Bedeutungen (Schluß)

6.1 Programm- und Laufzeitstatistiken

Durch Spezifizierung der **ACCT** - Option auf der .OPTIONS - Anweisung erhält man am Ende des Ergebnisausdrucks eine Liste mit Programm- und Laufzeitstatistiken gemäß Tab. 6.2 .

Nr.	Name	Bedeutung
1	NUNODS	Zahl der unterschiedlichen Knoten in der Schaltung vor Einbettung von Teilschaltungen.
2	NCNODS	Zahl der unterschiedlichen Knoten nach Einbettung der Teilschaltungen.
3	NUMNOD	Gesamtzahl der unterschiedlichen Knoten der Schaltung inklusive der internen Knoten der Halbleiterelemente. Haben die Halbleiter keine Bahnwiderstände, ist NUMNOD = NCNODS .
4	NUMEL	Gesamtzahl der Schaltelemente nach Einbettung der Teilschaltungen.
5	DIODES	Zahl der Dioden nach Einbettung der Teilschaltungen.
6	BJTS	Zahl der Bipolartransistoren nach Einbettung der Teilschaltungen
7	JFETS	Zahl der Sperrschicht - FETs nach Einbettung der Teilschaltungen
8	MFETS	Zahl der MOS - FETs nach Einbettung der Teilschaltungen.
9	NUMTEM	Zahl der unterschiedlichen Temperaturen, bei denen die Schaltung analysiert wird.
10	ICVFLG	Zahl der Kennlinienpunkte bei der Gleichstromkennlinien-Analyse.
11	JTRFLG	Zahl der Zeitpunkte für den Ergebnisausdruck der Einschwing - Analyse.
12	JACFLG	Zahl der Frequenzen bei der Kleinsignal- Wechselstrom - Analyse.
13	INOISE	1 = mit Rauschanalyse ; 0 = ohne Rauschanalyse .
14	IDIST	1 = mit Verzerrungsanalyse ; 0 = ohne Verzerrungsanalyse
15	NOGO	1 = Programmlauf mit Fehler; 0 = Programmlauf ohne Fehler
16	NSTOP	Ordnungszahl der quadratischen Schaltungsmatrix.
17	NTTBR	Zahl der Eintragungen in der Schaltungsmatrix bei Beginn des Programmlaufs.
18	NTTAR	Zahl der Eintragungen in der Schaltungsmatrix am Ende des Programmlaufs.
19	IFILL	Differenz zwischen NTTAR und NTTBR .

Tab. 6.2 : Liste der Programm- und Laufzeitstatistiken

Nr.	Name	Bedeutung
20	IOPS	Zahl der Gleitkomma- Operationen für eine Lösung der Schaltungs-matrix.
21	PERSPA	Prozentuale Sparsität (Besetzungsdichte) der Schaltungsmatrix.
22	NUMTTP	Zahl der internen Zeitpunkte bei der Einschwinganalyse.
23	NUMRTP	Zahl der Fälle, in denen bei der Einschwinganalyse ein Zeit-schritt zu groß war und verkleinert werden mußte.
24	NUMNIT	Gesamtzahl der Iterationen bei der Einschwinganalyse.
25	MAXMEM	Maximaler SPICE zur Verfügung stehender Speicherplatz.
26	MEMUSE	Von der Schaltung benutzter Speicherplatz.
27	COPYKNT	Zahl der Bytes, die während des Memory - Managements für diesen Lauf kopiert wurden.
28	READIN	Zeit zum Einlesen und Fehlerüberprüfen.
29	SETUP	Zeit zum Aufstellen der Pointerstruktur der Schaltungsmatrix.
30	TRCURV	Laufzeit und Zahl der Iterationen bei der Gleichstromkennlinien-Analyse.
31	DCAN	Laufzeit und Zahl der Iterationen bei der Gleichstrom - Arbeits-punkts - Analyse.
32	DCDCMP	Laufzeit und Zahl der Zeilen - / Spalten - Vertauschungen der Assemblerroutine DCDCMP zur Lösung der Knotengleichungen.
33	DCSOL	Laufzeit der Assemblerroutine DCSOL zur Lösung der Knotengln. .
34	ACAN	Laufzeit und Zahl der Frequenzpunkte der Kleinsignal - Wechsel-strom- , Verzerrungs- und Rauschanalyse.
35	TRANAN	Laufzeit und Zahl der Iterationen bei der Einschwinganalyse.
36	OUTPUT	Zeit zur Vorbereitung der Ergebnis - Tabellen und -Plots.
37	LOAD	Laufzeit zur Erzeugung der linearisierten Knotengleichungen.
38	CODGEN	Zeit zur Erzeugung des Maschinencodes zur Lösung der Knotenglei-chungen (CDC - Maschine).
39	CODEXC	Zeit zur Lösung der Knotengln. in Maschinencode (CDC - Maschine)
40	MACINS	
41	OVERHEAD	Übrige verbrauchte Zeit.
42	TOTAL JOBTIME	Gesamte Laufzeit des Programms.

<u>Tab. 6.2</u> : Liste der Programm- und Laufzeitstatistiken (Schluß)

7 Beispiele

In diesem Kapitel sollen die vielfältigen Möglichkeiten von SPICE an Beispielen aus verschiedenen Gebieten der Elektronik dargestellt werden. Zum Teil wurden bewußt einfache Schaltungen (Emitterverstärker, Übertrager, Kippschaltungen, Colpitts-Oszillator) gewählt, damit die Analysen von SPICE vom Leser leicht nachzuvollziehen sind. Andererseits haben wir aber auch einige umfangreichere Schaltungen ausgewählt, deren Analyse, wenn überhaupt, nur sehr schwer mit konventionellen Mitteln gelingt (gekoppelte Leitungen, integrierter CMOS-Operationsverstärker, aktiver Bandpaß 6. Grades). Hiermit sollen die Leistungen von SPICE aufgezeigt und die Anwendung der Simulation auf dem Computer bei der Analyse elektronischer Schaltungen gerechtfertigt werden.

7.1 Emitterverstärker

Am einfachen Beispiel eines Transistorverstärkers in Emittergrundschaltung sollen in diesem Kapitel die Sensitivity-Analyse, die Bestimmung von Gleichstrom-Übertragungskennlinien, die Berechnung der Kleinsignalparameter, die Verzerrungsanalysen und die Rauschanalyse von SPICE erläutert und durch einfache Rechnungen plausibel gemacht werden.

7.1.1 DC-Analyse .SENS, .DC, .TF

Bild 7.1.1 zeigt das Schaltbild eines Verstärkers in Emittergrundschaltung mit Gegenkopplung /7.1/, dessen Dimensionierung in den Grundlagenvorlesungen für Analogelektronik behandelt wird.

Bild 7.1.2 zeigt das SPICE-Programm zur Berechnung des DC-Arbeitspunkts des Verstärkers und der sog. Sensitivities (Empfindlichkeiten) der Kollektorgleichspannung.

Bild 7.1.3 zeigt als Ergebnis die Gleichspannungen von den einzelnen Knoten zum Knoten 0 gezählt, Bild 7.1.4 die Arbeitspunktdaten des Transistors und Bild 7.1.5 die Sensitivities der Kollektorgleichspannung.

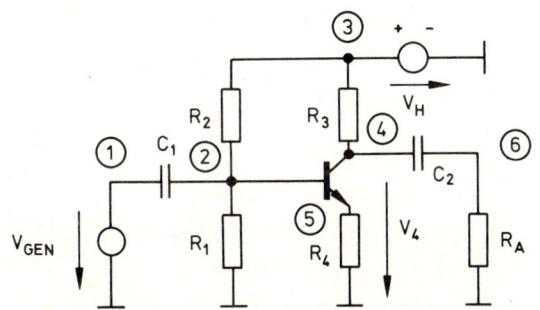

Bild 7.1.1 : Schaltbild eines Emitterverstärkers

```
EMITTERVERSTAERKER
.WIDTH OUT=80
R1 2 0 6.8K
R2 3 2 100K
R3 3 4 1.8K
R4 5 0 100
RA 6 0 2.2K
C1 1 2 0.47U
C2 4 6 1U
Q1 4 2 5 BC108B
.MODEL BC108B NPN BF=330 IS=2E-13
VH 3 0 DC 24
VGEN 1 0
.SENS V(4)
.END
```

Bild 7.1.2 : SPICE-Programm
zur Berechnung des Arbeitspunkts und der Sensitivities
von V_4 des Emitterverstärkers

NODE	VOLTAGE	NODE	VOLTAGE	NODE	VOLTAGE	NODE	VOLTAGE
(1)	0.0000	(2)	1.3832	(3)	24.0000	(4)	10.4798
(5)	0.7534	(6)	0.0000				

Bild 7.1.3 : SPICE-Ergebnis: Knotengleichspannungen des Emitterverstärkers

```
MODEL    BC108B      DC SENSITIVITIES OF OUTPUT V(4)
IB       2.28E-05
IC       7.52E-03       ELEMENT      ELEMENT       ELEMENT        NORMALIZED
VBE      0.630          NAME         VALUE         SENSITIVITY    SENSITIVITY
VBC      -9.097                                    (VOLTS/UNIT)  (VOLTS/PERCENT)
VCE      9.726
BETADC   330.000        R1           6.800D+03     -2.786D-03     -1.895D-01
GM       2.91E-01       R2           1.000D+05      2.107D-04      2.107D-01
RPI      1.14E+03       R3           1.800D+03     -7.511D-03     -1.352D-01
RX       0.00E+00       R4           1.000D+02      1.102D-01      1.102D-01
RO       9.78E+11       RA           2.200D+03      0.000D+00      0.000D+00
CPI      0.00E+00       VH           2.400D+01      6.853D-02      1.645D-02
CMU      0.00E+00       VGEN         0.000D+00      0.000D+00      0.000D+00
CBX      0.00E+00   Q1
CCS      0.00E+00       RB           0.             0.             0.
BETAAC   330.000        RC           0.             0.             0.
FT       4.63E+18       RE           0.             0.             0.
                        BF           3.300D+02     -6.526D-03     -2.153D-02
                        JLE          0.             0.             0.
                        BR           1.000D+00      1.899D-08      1.899D-10
                        JLC          0.             0.             0.
                        JS           2.000D-13     -1.891D+12     -3.781D-03
                        NLE          1.500D+00      0.000D+00      0.000D+00
                        NLC          2.000D+00      0.000D+00      0.000D+00
                        JBF          0.             0.             0.
                        JBR          0.             0.             0.
                        VBF          0.             0.             0.
                        VBR          0.             0.             0.
```

Bild 7.1.4 : SPICE-   Bild 7.1.5 : SPICE-Ergebnis: Sensitivities
Ergebnis : Transistor-   der Kollektorgleichspannung
daten im Arbeitspunkt

Die Sensitivities geben die Abhängigkeit einer gewählten Ausgangsgröße von Änderungen der Elemente bzw. der Parameter der Schaltung an. Als Beispiel soll die Abhängigkeit der Kollektorspannung V_4 vom Kollektorwiderstand R_3 diskutiert werden. Nach der Maschenregel gilt

$$V_4 = V_H - I_C R_3$$

und damit für den partiellen Differentialquotienten ("Element Sensitivity")

$$\partial V_4/\partial R_3\Big|_A = \partial V_H/\partial R_3 - R_3 \partial I_C/\partial R_3\Big|_A - I_C\Big|_A \qquad .$$

Der erste Term auf der rechten Seite der Gleichung ist Null, da V_H nicht von R_3 abhängt. Der zweite Term ist ebenfalls praktisch Null, da der Kollektorstrom eingeprägt ist und somit auch nicht von R_3 abhängt. Es bleibt also

$$\partial V_4/\partial R_3\Big|_A = -I_C\Big|_A = -7.52 \cdot 10^{-3} \text{ V/Ohm} \qquad ,$$

148

wobei der Kollektorstrom im Arbeitspunkt aus Bild 7.1.4 entnommen wurde. Aus Bild 7.1.5 liest man für das Element R_3 eine "Element Sensitivity" für V_4 von -7.511 10^{-3} Volts/Unit ab, d.h. es ergibt sich (mit einer kleinen Ungenauigkeit) wie bei der obigen Rechnung, daß bei Änderung von R_3 um 1 Ohm (eine Einheit!) die Kollektorgleichspannung sich um -7,52 mV ändert. Bei den Werten in der Spalte "Normalized Sensitivity" wird das untersuchte Element nicht um eine Einheit, sondern um 1% geändert, d.h. es gilt in dem hier diskutierten Fall

$$\Delta V_4 = (\partial V_4 / \partial R_3) \cdot \Delta R_3 = (\partial V_4 / \partial R_3) \cdot R_3 / 100 = -7{,}511 \ 10^{-3} (\text{V/Ohm}) 18 \ \text{Ohm}$$
$$= -0{,}1352 \ \text{V}$$

Aus Bild 7.1.5 entnimmt man, daß die Kollektorgleichspannung am stärksten vom Spannungsteilerwiderstand R_2 beeinflußt wird, während Änderungen der Transistorparameter (B_F, I_S), bedingt durch die Gleichstromgenkopplung, kaum eine Rolle spielen.

Für die DC-Analyse von Verstärkern gibt es im Programm SPICE noch zwei attraktive Optionen, die hier wegen der Blockkondensatoren am Eingang und Ausgang nicht unmittelbar eingesetzt werden können. Es handelt sich um die Berechnung der Gleichspannungsübertragungskennlinie (.DC) und der Gleich-stromkleinsignalparameter (.TF). Ersetzt man die Kondensatoren in Bild 7.1.1 durch Gleichspannungsquellen, deren Spannungswerte gleich den Knoten-spannungen an Basis (2) bzw. Kollektor (4) aus Bild 7.1.3 entnommen werden können, so ergibt sich ein gleichspannungsgekoppelter Verstärker mit glei-chem Arbeitspunkt wie vorher, auf den aber jetzt die Analysen .DC und .TF anwendbar sind. Bild 7.1.6 zeigt das SPICE-Programm für den abgeänderten Verstärker.

Bild 7.1.7 zeigt als Ergebnis die durch die Gegenkopplung linearisierte Übertragungskennlinie des Verstärkers /0.2/ und Bild 7.1.8 die Gleichstromkleinsignalparameter, die für diesen einfachen Fall auch aus Bild 7.1.1 und 7.1.4 zu ermitteln sind.

```
EMITTERVERSTAERKER DC-UEBERTRAGUNGSKENNLINIE
.WIDTH OUT=80
R1 2 0 6.8K
R2 3 2 100K
R3 3 4 1.8K
R4 5 0 100
RA 6 0 2.2K
C1 1 2 0.47U
C2 4 6 1U
Q1 4 2 5 BC108B
.MODEL BC108B NPN BF=330 IS=2E-13
VH 3 0 DC 24
VGEN 1 0
VC1 2 1 1.3832
VC2 4 6 10.4798
.DC VGEN -2 2 .1
.TF V(6) VGEN
.PLOT DC V(6)
.END
```

<u>Bild 7.1.6</u> : SPICE-Programm für den abgeänderten Emitterverstärker (Konden-

satoren durch Spannungsquellen ersetzt)

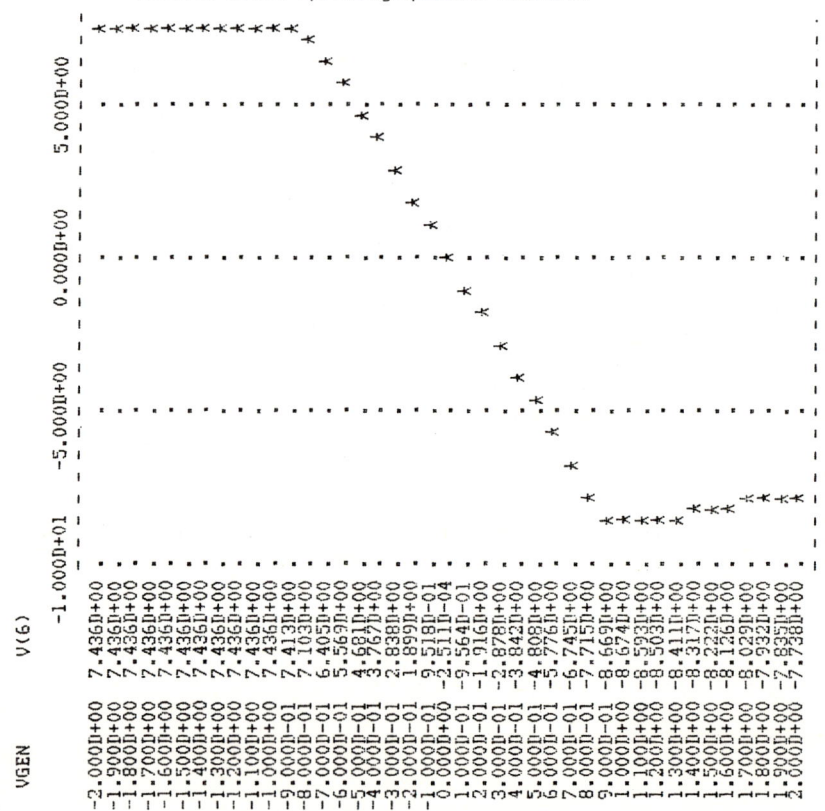

<u>Bild 7.1.7</u> : SPICE-Ergebnis: DC-Übertragungskennlinie des Emitterverstärkers

**** SMALL-SIGNAL CHARACTERISTICS

V(6)/VGEN	= -9.543D+00
INPUT RESISTANCE AT VGEN	= 5.369D+03
OUTPUT RESISTANCE AT V(6)	= 9.900D+02

<u>Bild 7.1.8</u> : SPICE-Ergebnis: Gleichstromkleinsignalparameter des Emitterver-
stärkers

Mit dem vereinfachten Kleinsignalersatzschaltbild des Transistors ergibt sich
aus Bild 7.1.1 das Kleinsignalersatzschaltbild des Emitterverstärkers Bild
7.1.9.

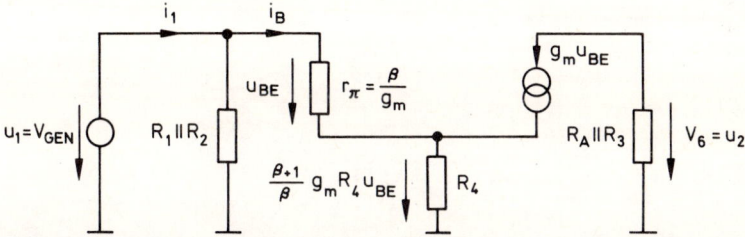

<u>Bild 7.1.9</u> : Kleinsignalersatzschaltbild des Emitterverstärkers

Daraus folgt

$$u_2 = -g_m(R_A \| R_3)u_{BE}$$
$$u_1 = (1 + g_m R_4 (\beta + 1)/\beta)u_{BE} \approx g_m R_4 u_{BE}$$
$$i_B = u_{BE}/r_\pi \approx u_1/(\beta R_4)$$

Mit den Zahlenwerten aus Bild 7.1.4 ($g_m = 0,291$ S, $\beta = 330$) ergibt sich mit
den obigen Näherungsformeln in guter Übereinstimmung mit Bild 7.1.8

Verstärkung:	$u_2/u_1 \approx -(R_A \| R_3)/R_4 = -9,9$	
Eingangswiderstand:	$u_1/i_1 \approx R_1 \| R_2 \| \beta R_4 = 5,337$ kOhm	
Ausgangswiderstand:	$R_A \| R_3 = 990$ Ohm	.

7.1.2 Analyse der Verzerrungen bei einem Emitterverstärker .DISTO, .FOUR

Bild 7.1.10 zeigt einen Emitterverstärker ohne Gegenkopplung, bei dem die nichtlinearen Verzerrungen sowohl analytisch als auch mit Hilfe der Distortion-(.DISTO) bzw. der Fourier-(.FOUR)Analyse untersucht werden sollen.

Für den Kollektorstrom gilt im normalen Betrieb ($I_C > 0$) gemäß Bild 7.1.10

$$I_C = I_S \, e^{(U_{BEA} + u_{BE})/U_T} = I_{CA} \, e^{\,u_{BE}/U_T}$$

$$I_C/I_{CA} \approx 1 + u_{BE}/U_T + 1/2(u_{BE}/U_T)^2 + 1/6(u_{BE}/U_T)^3$$

wobei die e-Funktion in eine Reihe entwickelt wurde, die nach dem Glied dritter Ordnung abgebrochen wurde.

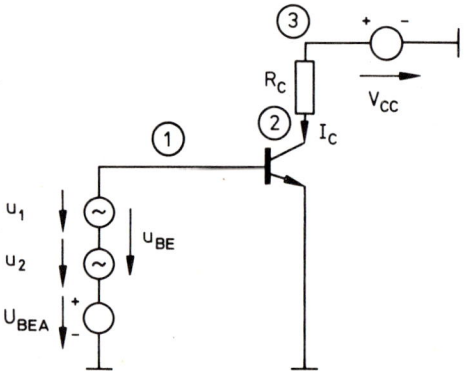

Bild 7.1.10 : Emitterverstärker zur Verzerrungsanalyse

Die Kleinsignalverstärkung des Emitterverstärkers soll 100 sein. Mit dem Kleinsignalersatzschaltbild des Transistors folgt damit

$$u_C/u_{BE} = -g_m R_C = -100 \longrightarrow g_m = 0,1 \text{ S}$$

Mit $g_m = I_{CA}/U_T$ und $U_T = 25,86$ mV bei 300 K ergibt sich für den Strom im Arbeitspunkt

$$I_{CA} = 2,586 \text{ mA}$$

und damit für die Basis-Emitter-Gleichspannung (mit $I_S = 10^{-16}$ A)

$$U_{BEA} = U_T \ln(I_{CA}/I_S) = 798,8 \text{ mV}$$

Für die Verzerrungsanalyse (.DISTO, s.Kap. 3.5) wird von SPICE als Ersatzwert für die Bezugsleistung am Ausgang 1 mW angenommen. Mit dieser Annahme
kann man die Signalamplitude am Eingang berechnen. Es gilt für die Amplituden
bei Aussteuerung mit <u>einer</u> Frequenz

$$\hat{u}_C = (2 \cdot 1mW \cdot 1kOhm)^{1/2} = 1,414 \text{ V}$$

und damit
$$\hat{u}_{BE} = u_C/100 = 14,14 \text{ mV}$$

Aus der angegebenen Potenzreihe für den Kollektorstrom und der errechneten
Amplitude der Eingangsspannung kann man nach /7.2/ das Spektrum des auf I_{CA}
normierten Kollektorstroms bei Aussteuerung mit zwei Signalspannungen mit
jeweils 14,14 mV Amplitude und einer Frequenz von 1 kHz bzw. 0,9 kHz
berechnen. Das Ergebnis zeigt Bild 7.1.11, wobei bei der Gleichstromkom-
ponente und bei den Grundwellenkomponenten der Einfluß der nichtlinearen
Kennlinie bei Aussteuerung mit nur <u>einer</u> Schwingung berücksichtigt ist.

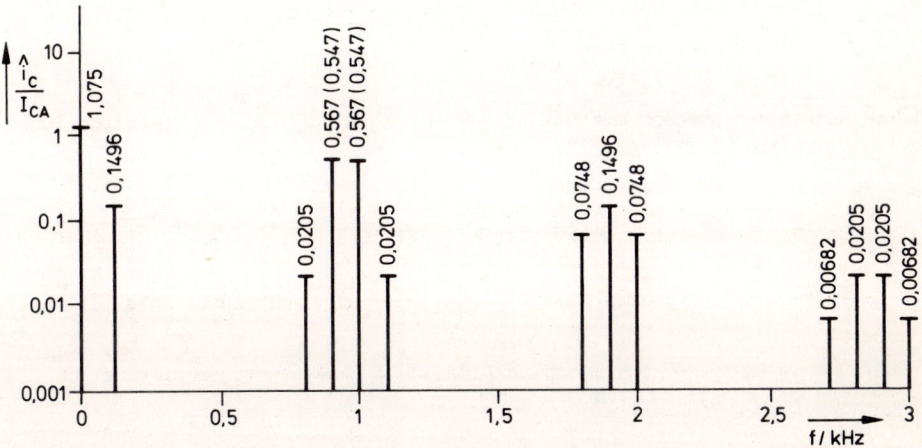

<u>Bild 7.1.11</u> : Spektrum des auf I_{CA}=2,586 mA normierten Kollektorstroms

Die Werte in Klammern bei den Spektrallinien 1 kHz bzw. 0,9 kHz sind die
normierten Amplituden, die sich bei Berücksichtigung nur des linearen Terms
in der Potenzreihe ergeben, demnach

$$\left. \hat{i}_C/I_{CA} \right|_{1kHz} = \hat{i}_{Cf1}/I_{CA} = \hat{u}_{BE}/U_T = 14,14 \text{ mV}/25,85 \text{ mV} = 0,547 \quad .$$

Hier ist also die Änderung der Grundwellenamplitude durch die Nichtlinearität vernachlässigt.

Bild 7.1.12 zeigt das SPICE-Programm zur Verzerrungsanalyse des Emitterverstärkers und Bild 7.1.13 das Ergebnis.

```
TRANSISTORVERSTAERKER VERZERRUNGEN
.WIDTH OUT=80
.TRAN 50U 2M 1M 5U
.FOUR 1KHZ V(2)
.AC LIN 1 1K 1K
.DISTO RC
.TF V(2) VIN
VIN 1 0 (SIN 798.8MV 14.14MV 1KHZ) AC 1V
VCC 3 0 10
RC 2 3 1K
Q1 2 1 0 QNL
.MODEL QNL NPN
.PRINT DISTO HD2 HD3 SIM2 DIM2 DIM3
.PLOT TRAN V(2)
.END
```

Bild 7.1.12 : SPICE-Pro-
gramm zur Verzerrungs-
analyse

FREQ	HD2	HD3	SIM2	DIM2	DIM3
1.000E+03	1.366E-01	1.244E-02	2.732E-01	2.732E-01	3.733E-02

Bild 7.1.13 : Ergebnis der .DISTO-Analyse : Verzerrungsspannungsamplituden $\hat{u}_C$
an R_C, normiert auf 1,414 V

Zum Vergleich werden die Ergebnisse in Bild 7.1.13 aus dem Spektrum Bild 7.1.11 berechnet. Auf Grund der Beziehung

$$\hat{u}_C/1{,}414\ V = \hat{u}_C/\hat{u}_{Cf1} = \hat{u}_C/(R_C\ \hat{i}_{Cf1}) = \hat{i}_C/\hat{i}_{Cf1} = (\hat{i}_C/I_{CA})/(\hat{i}_{Cf1}/I_{CA})$$

ergibt sich mit "Bezugsamplitude" = $\hat{i}_{Cf1}/I_{CA} = 0{,}547$ (linearer Anteil !):

HD2 =(norm. Amplitude der Schwingung mit $2f_1$ = 2 kHz)/Bezugsamplitude
  = 0,0748/0,547 = 0,1367

HD3 =(norm. Amplitude der Schwingung mit $3f_1$ = 3 kHz)/Bezugsamplitude
  = 0,00682/0,547 = 0,01247

SIM2 =(norm. Amplitude der Schwingung mit $f_1 + f_2$ = 1,9 kHz)/Bezugsamplitude
  = 0,1496/0,547 = 0,2735

DIM2 =(norm. Amplitude der Schwingung mit $f_1 - f_2$ = 0,1 kHz)/Bezugsamplitude
  = 0,1496/0,547 = 0,2735

DIM3 =(norm. Amplitude der Schwingung mit $2f_1 - f_2 = 1,1$ kHz)/Bezugsamplitude

$= 0,0205/0,547 = 0,0374$

Die aus dem Spektrum errechneten Verzerrungsmaße stimmen recht gut mit den von SPICE errechneten überein.

Eine weitere Möglichkeit, nichtlineare Verzerrungen zu berechnen, bietet im Zusammenhang mit der .TRAN-Analyse die Fourier-Analyse der Ausgangsspannung des mit **einer** Sinusschwingung angesteuerten Verstärkers (.**FOUR**, s. Kap. 3.3.2). Diese ist auch im SPICE-Programm Bild 7.1.12 programmiert, wobei die Aussteuerung des Verstärkers bei der .TRAN-Analyse so erfolgt, daß ein Vergleich mit der .DISTO-Analyse möglich ist (14,14 mV Amplitude der sin-Schwingung am Eingang des Verstärkers!). Bild 7.1.14 zeigt das Ergebnis der .FOUR-Analyse.

```
FOURIER COMPONENTS OF TRANSIENT RESPONSE V(2)
DC COMPONENT =   7.215D+00
```

HARMONIC NO	FREQUENCY (HZ)	FOURIER COMPONENT	NORMALIZED COMPONENT	PHASE (DEG)	NORMALIZED PHASE (DEG)
1	1.000D+03	1.468D+00	1.000000	179.999	0.000
2	2.000D+03	1.982D-01	0.134967	90.000	-89.999
3	3.000D+03	1.793D-02	0.012216	-0.126	-180.124
4	4.000D+03	1.223D-03	0.000833	-90.842	-270.841
5	5.000D+03	5.686D-05	0.000039	176.087	-3.912
6	6.000D+03	1.649D-06	0.000001	-21.765	-201.764
7	7.000D+03	4.663D-06	0.000003	105.183	-74.816
8	8.000D+03	1.502D-06	0.000001	27.207	-152.792
9	9.000D+03	2.740D-06	0.000002	-158.791	-338.789

```
TOTAL HARMONIC DISTORTION =    13.552174  PERCENT
```

Bild 7.1.14 : Ergebnis der .FOUR-Analyse

Interessant ist schon der Wert der Gleichspannungskomponente von 7,215 V. Erwartet würden

$$V_2 = V_H - I_{CA}R_C = 10 \text{ V} - 2,585\text{mA}\cdot 1\text{kOhm} = 7,415 \text{ V}$$

Dieser Wert wird auch von der Arbeitspunktanalyse (INITIAL TRANSIENT
SOLUTION) geliefert. Die Änderung des Gleichspannungswerts ist durch den
Einfluß der nichtlinearen Kennlinie auch auf den Gleichstromwert bedingt. Aus
dem Spektrum Bild 7.1.11 liest man für Gleichstrom (Frequenz = 0) eine
normierte Amplitude von 1,075 ab. Damit folgt für den Gleichspannungswert der
Kollektorspannung

$$V_2 = 10 \text{ V} - 2{,}585\text{mA} \cdot 1{,}075 \cdot 1\text{kOhm} = 7{,}22 \text{ V}$$

ein Wert, der gut mit dem in Bild 7.1.14 angegebenen übereinstimmt.

Da bei der Fourier-Analyse nur mit einer Schwingung ausgesteuert wird, kann
man auch nur die den Verzerrungsprodukten HD2 und HD3 entsprechenden Größen
(Klirrfaktoren k_2 und k_3) vergleichen. Diese sind als "NORMALIZED
COMPONENT" bei "HARMONIC NO" 2 und 3 in Bild 7.1.14 angegeben. Man liest ab

$$k_2 = 0{,}134967 \quad \text{und} \quad k_3 = 0{,}012216 \quad .$$

Zum Vergleich aus der .DISTO-Analyse

$$HD2 = 0{,}1366 \quad \text{und} \quad HD3 = 0{,}01244 \quad .$$

Die Abweichungen zwischen den Ergebnissen der beiden Verzerrungsanalysen sind
durch den Einfluß der nichtlinearen Kennlinie auf den Anteil der Grundwelle
zu erklären, der bei der .FOUR-Analyse berücksichtigt wird, bei der .DISTO
Analyse aber nicht. Aus dem Spektrum Bild 7.1.11 liest man ab, wenn man
den vollen Wert der normierten Amplitude der Grundschwingung von 1 kHz
berücksichtigt (Bezugsamplitude jetzt 0,567!)

k_2 =(norm. Amplitude der Schwingung mit $2f_1$ = 2kHz)/Bezugsamplitude
   = 0,0748/0,567 = 0,1319

k_3 =(norm. Amplitude der Schwingung mit $3f_1$ = 3kHz)/Bezugsamplitude
   = 0,0682/0,567 = 0,01203

Damit ist, zumindest in der Tendenz, die Abweichung in den Ergebnissen der
beiden Verzerrungsanalysen von SPICE .DISTO und .FOUR erklärt.

7.1.3 Rauschen beim Emitterverstärker .NOISE

Bild 7.1.15 zeigt einen Emitterverstärker, bei dem das Rauschen untersucht werden soll.

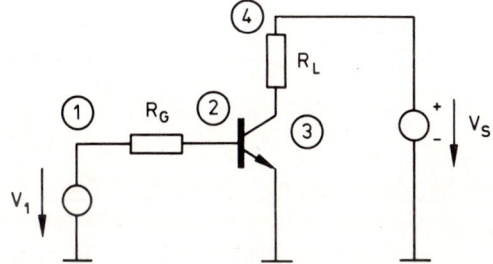

Bild 7.1.15 : Emitterverstärker zur Rauschanalyse

Bild 7.1.16 zeigt das SPICE-Programm für die Schaltung in Bild 7.1.15, in dem für eine Frequenz von 1 kHz eine ausführliche Rauschanalyse verlangt wird (s. Kap. 3.6). Bild 7.1.17 zeigt die Ergebnisse der Arbeitspunktsanalyse für den Transistor und Bild 7.1.18 zeigt das Ergebnis der Rauschanalyse.

```
RAUSCHZAHL EINES EMITTERVERSTAERKERS
RG 1 2 100
RL 3 4 1K
V1 1 0 DC 0.82V AC 1V
VS 4 0 DC 15V
Q 3 2 0 SIT
.MODEL SIT NPN RB=20
.AC DEC 1 1K 1K
.NOISE V(3,4) V1 1
.END
```

Bild 7.1.16 : SPICE-Programm zur Rauschanalyse des Emitterverstärkers

```
IB        4.72E-05
IC        4.72E-03
VBE          0.815
VBC         -9.466
VCE         10.281
BETADC     100.000
GM        1.82E-01
RPI       5.48E+02
RX        2.00E+01
RO        1.00E+12
CPI       0.00E+00
CMU       0.00E+00
CBX       0.00E+00
CCS       0.00E+00
BETAAC     100.000
FT        2.90E+18
```

Bild 7.1.17 : Ergebnis der Arbeitspunktsanalyse

Für die Überprüfung der Rauschanalyse ist in Bild 7.1.19 das Rauschersatzschaltbild des Emitterverstärkers angegeben.

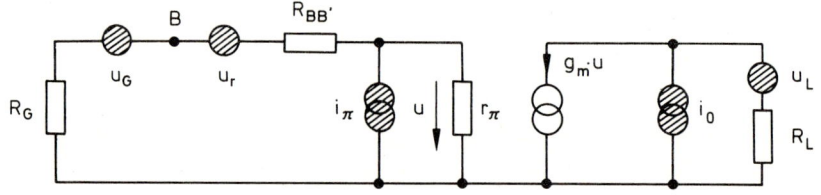

Bild 7.1.19 : Rauschersatzschaltbild des Emitterverstärkers

FREQUENCY = 1.000D+03 HZ

**** RESISTOR SQUARED NOISE VOLTAGES (SQ V/HZ)

	RG	RL
TOTAL	3.713D-14	1.658D-17

**** TRANSISTOR SQUARED NOISE VOLTAGES (SQ V/HZ)

	Q
RB	7.427D-15
RC	0.000D+00
RE	0.000D+00
IB	4.878D-15
IC	1.512D-15
EN	0.000D+00
TOTAL	1.382D-14

**** TOTAL OUTPUT NOISE VOLTAGE		= 5.097D-14 SQ V/HZ
		= 2.258D-07 V/RT HZ
TRANSFER FUNCTION VALUE:		
V(3,4)/V1		= 1.497D+02
EQUIVALENT INPUT NOISE AT V1		= 1.508D-09 /RT HZ

Bild 7.1.18 : Ergebnis der Rauschanalyse (f = 1 kHz)

Für das mittlere Quadrat der Ausgangsrauschspannung gilt

$$\overline{u_2^2} = \overline{u_L^2} + \overline{i_o^2}R_L^2 + \overline{i_\pi^2}r_m^2 + (\overline{u_r^2} + \overline{u_G^2})v_u^2$$

mit $\qquad\qquad v_u = g_m \, r_\pi \, R_L / (R_G + R_{BB'} + r_\pi) = 149,7$

und $\qquad\qquad r_m = v_u \, (R_G + R_{BB'}) = 17964 \; Ohm$

wobei für die Errechnung der Zahlenwerte die Kleinsignalparameter des Transistors aus Bild 7.1.17 entnommen wurden. Mit den auch daraus zu entnehmenden Strömen im Arbeitspunkt folgt für die einzelnen Rauschspannungsquellen

$$\overline{i_o^2}/df = 2qI_{CA} = 2 \cdot 1,6 \cdot 10^{-19} \cdot 4,72 \cdot 10^{-3} \; A^2/Hz = 15,1 \cdot 10^{-22} \; A^2/Hz$$

$$\overline{i_\pi^2}/df = 2qI_{BA} = 2 \cdot 1,6 \cdot 10^{-19} \cdot 4,72 \cdot 10^{-3} \; A^2/Hz = 15,1 \cdot 10^{-24} \; A^2/Hz$$

$$\overline{u_L^2}/df = 4kTR_L = 4 \cdot 1,38 \cdot 10^{-23} \cdot 300 \cdot 10^3 \; V^2/Hz = 1,656 \cdot 10^{-17} \; V^2/Hz$$

$$\overline{u_r^2}/df = 4kTR_{BB'} = 4 \cdot 1,38 \cdot 10^{-23} \cdot 300 \cdot 20 \; V^2/Hz = 3,312 \cdot 10^{-19} \; V^2/Hz$$

$$\overline{u_G^2}/df = 4kTR_G = 4 \cdot 1,38 \cdot 10^{-23} \cdot 300 \cdot 100 \; V^2/Hz = 1,656 \cdot 10^{-18} \; V^2/Hz \quad .$$

Die in Bild 7.1.18 aufgelisteten Anteile des Ausgangsrauschens sind jetzt leicht nachzurechnen

R_G : $\qquad \overline{u_G^2}v_u^2/df = 3,711 \cdot 10^{-14} \; V^2/Hz$

R_L : $\qquad \overline{u_L^2}/df = 1,656 \cdot 10^{-17} \; V^2/Hz$

$R_B = R_{BB'}$: $\quad \overline{u_r^2}v_u^2/df = 7,742 \cdot 10^{-15} \; V^2/Hz$

I_B : $\qquad \overline{i_\pi^2}r_m^2/df = 4,873 \cdot 10^{-15} \; V^2/Hz$ $\qquad$ Q : $1,382 \cdot 10^{-14} \; V^2/Hz$

I_C : $\qquad \overline{i_o^2}R_L^2/df = 1,51 \cdot 10^{-15} \; V^2/Hz$

Die Summe der drei letzten Werte ergibt das vom Transistor gelieferte Ausgangsrauschen, das in Bild 7.1.18 als Zahlenwert bei "TOTAL" in der Q-Spalte erscheint. Die "TOTAL OUTPUT NOISE VOLTAGE" ist die Summe der

Rauschspannungsquadrate, die vom Transistor und vom Generator an den Ausgang geliefert werden. Hier ergibt sich

$$
\begin{array}{lll}
Q: & 1{,}382 \cdot 10^{-14} & V^2/Hz \\
R_G: & 3{,}713 \cdot 10^{-14} & V^2/Hz \\
R_L: & \underline{1{,}658 \cdot 10^{-17}} & V^2/Hz \\
Summe: & 5{,}097 \cdot 10^{-14} & V^2/Hz \quad .
\end{array}
$$

Unter diesem Wert erscheint in Bild 7.1.18 lediglich die Quadratwurzel daraus

$$2{,}258 \cdot 10^{-7} \ V/(Hz)^{1/2} \qquad .$$

Der "TRANSFER FUNCTION VALUE" ist identisch mit dem oben eingeführten Spannungsverstärkung v_u und das "EQUIVALENT INPUT NOISE AT V1" errechnet sich einfach aus der Division der Ausgangsrauschspannung (in $V/(Hz)^{1/2}$!) durch die Spannungsverstärkung, hier also

$$2{,}258 \cdot 10^{-7} \ V/(Hz)^{1/2} \ / \ 149{,}7 = 1{,}508 \cdot 10^{-9} \ V/(Hz)^{1/2}$$

Damit sind alle Angaben der Rauschanalyse in Bild 7.1.18 erklärt. Darüberhinaus soll noch die Rauschzahl des Emitterverstärkers berechnet werden. Nach Kap. 3.6 gilt für die Rauschzahl F

$$
\begin{aligned}
F &= (\text{äqu. Eingangsrauschen})^2/(\text{Rauschen des Gen.-Innenwiderstands})^2 \\
&= (1{,}508 \cdot 10^{-9} \ V/(Hz)^{1/2})^2 \ / \ (1{,}656 \cdot 10^{-18} \ V^2/Hz) \\
&= 1{,}373
\end{aligned}
$$

Man beachte, daß das Rauschen des Generatorinnenwiderstands nicht in der Rauschanalyse Bild 7.1.18 vorkommt, deshalb zusätzlich berechnet werden muß. Diese Rechnung wird vermieden, wenn man die Rauschzahl folgendermaßen definiert

$$
\begin{aligned}
F &= (\text{Ausgangsrauschen})^2/(\text{Ausg.-Rauschanteil d. Gen.-Innenwiderstands})^2 \\
&= (5{,}097 \cdot 10^{-14} \ V^2/Hz) \ / \ (3{,}713 \cdot 10^{-14} \ V^2/Hz) \\
&= 1{,}372
\end{aligned}
$$

Die Zahlenwerte zur Berechnung der Rauschzahl des Emitterverstärkers sind jetzt alle der SPICE-Rauschanalyse Bild 7.1.18 zu entnehmen.

7.2 Linearer Übertrager

In Bild 2.2.11 ist ein 2-Wicklungs-Transformator angegeben, der durch Angabe
der gekoppelten Induktivitäten mit SPICE simuliert werden kann.   In der
Übertragungstechnik   wird   häufig für den Übertrager das   technische Ersatzschaltbild verwendet (Bild 7.2.1), das für die Simulation mit SPICE zunächst
umgezeichnet bzw.   umgerechnet werden muß.

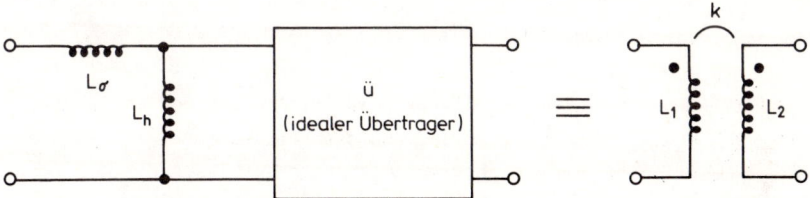

Bild 7.2.1 : Technisches Ersatzschaltbild eines Übertragers mit den
             Parametern L_σ ,L_h und ü und übliches Schaltbild mit
             SPICE-Parametern L_1, L_2 und k

Aus einfachen Vierpolbetrachtungen folgen die Umrechnungsbeziehungen zwischen
technischen Parametern und SPICE-Parametern

$$L_1 = L_h + L_\sigma \qquad\qquad k = (L_h/(L_h + L_\sigma))^{1/2}$$

$$L_2 = L_h / ü^2 \quad \text{und der Streufaktor } \sigma = L_\sigma /(L_h + L_\sigma) \quad .$$

Im folgenden soll für einen vorgegebenen Übertrager der Frequenzgang der
Ausgangsspannung und des Eingangsreflexionsfaktors sowie die Sprungantworten
der Eingangs- und Ausgangsspannung in einem SPICE-Lauf untersucht werden.
Bild 7.2.2 zeigt die gewählte Schaltung.

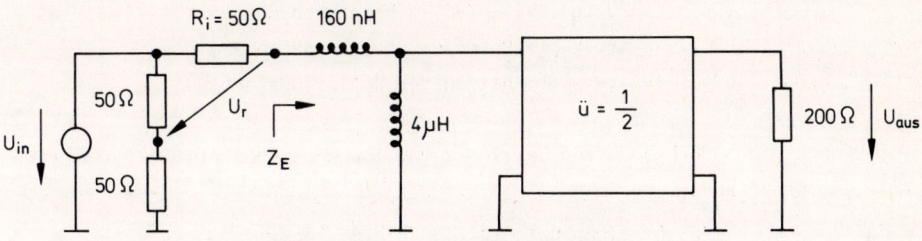

Bild 7.2.2 : Übertragerbeispiel

Aus dem Vergleich mit Bild 7.2.1 und den angegebenen Formeln folgt

$$L_1 = 4,16 \text{ uH} \qquad\qquad k = 0,98058$$
$$L_2 = 16 \text{ uH} \qquad\qquad \sigma = 0,03846 \ (\ 4\%)$$

Die Widerstandskombination am Eingang der Schaltung bildet eine Wheatstone-sche Brücke und dient zur Messung des Reflexionsfaktors. Man kann leicht nachweisen, daß mit Z_E als komplexem Eingangswiderstand des Übertragers für die Spannung U_r gilt

$$U_r = (U_{in}/2) \ (Z_E - R_i)/(Z_E + R_i) = U_{in} \ \underline{r}/2$$

Wird der Betrag der Spannung U_{in} zu 2V gewählt, so ist der komplexe Zahlen-wert der Spannung U_r gleich dem Reflexionsfaktor $\underline{r}$.

Bild 7.2.3 zeigt das für die Simulation mit SPICE aufbereitete Schaltbild

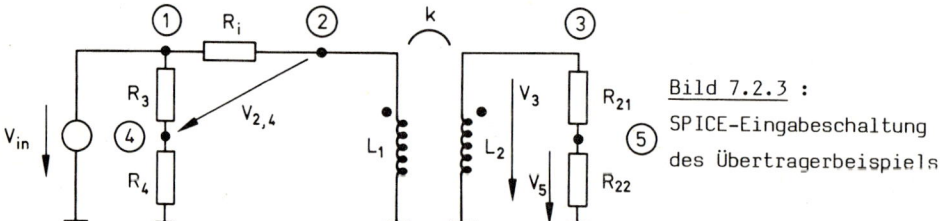

Bild 7.2.3 :

SPICE-Eingabeschaltung

des Übertragerbeispiels

Der Spannungsteiler am Ausgang ist zur Bestimmung der Betriebsdämpfung eingeführt. Bei idealer Übertragung (Bild 7.2.2 ohne Induktivitäten!) erscheint nämlich am Knoten 3 die Spannung von 2V, bedingt durch die für die Bestimmung des Reflexionsfaktors notwendige Wahl der Leerlaufspannung des Generators von 2V. Um für die ideale Übertragung den Wert 0 dB zu erhalten, wurde die Ausgangsspannung um den Faktor 2 heruntergeteilt.

Bild 7.2.4 zeigt das SPICE-Programm zur Schaltung in Bild 7.2.3. Bild 7.2.5 zeigt in Abhängigkeit von der Frequenz

$$VDB(5) = 20 \ \lg \ (\,|V(5)|\,/V) \ (\triangleq \text{Betriebsdämpfung})$$
$$VP(3) \ = \text{arc } V_3 \ (= \text{Phase der Ausgangsspannung})$$
$$\text{und} \quad VM(2,4) = |V_{2,4}| \ (= \text{Betrag des Reflexionsfaktors}) \ .$$

Man kann die 3 dB-Frequenzen bei 1 MHz und 100 MHz registrieren, die sich näherungsweise aus

$$2\pi \ f_{3dB} \ L_h = R_i/2 \qquad \text{und} \ 2\pi \ f_{3dB} \ L_\sigma = 2R_i$$

berechnen lassen.

```
LINEARER UEBERTRAGER
.WIDTH OUT=80
VIN 1 0 AC 2 PULSE(0 10)
RI 1 2 50
R21 3 5 100
R22 5 0 100
R3 1 4 50
R4 4 0 50
L1 2 0 4.16UH
L2 3 0 16UH
K12 L1 L2 0.98058
.AC DEC 6 10KHZ 10GHZ
.TRAN 0.5NS 20NS
.PLOT AC VDB(5) (-40,0)
+VM(2,4) (0.1,10) VP(3) (-90,90)
.PLOT TRAN V(2) V(3) (0,10)
.END
```

Bild 7.2.4 : SPICE-Programm zur Schaltung Bild 7.2.3

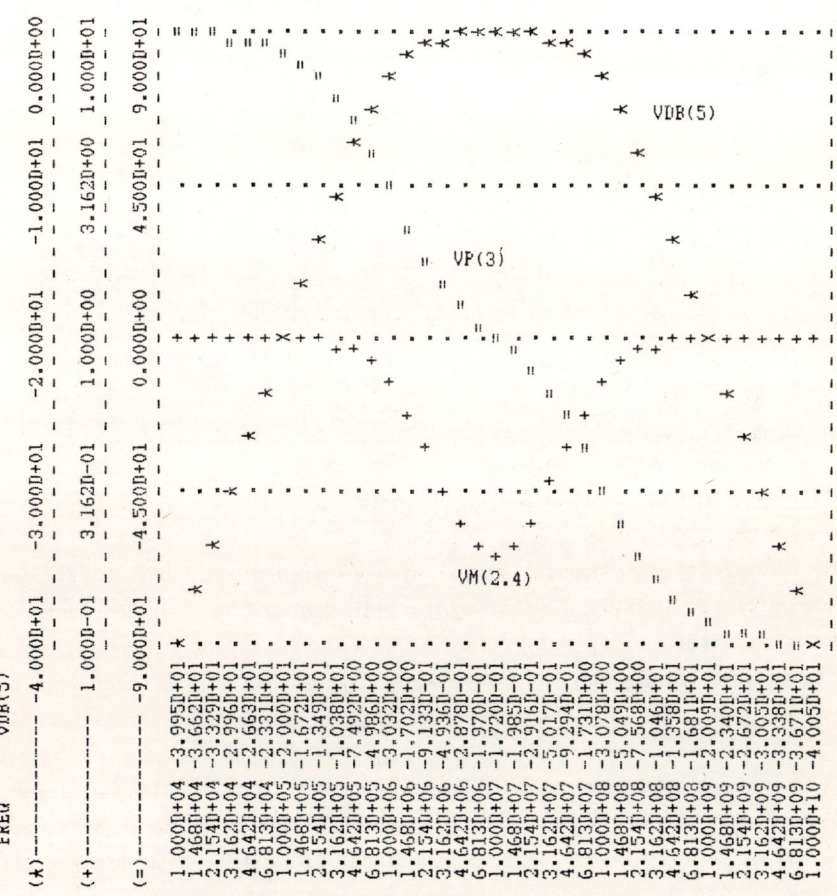

Bild 7.2.5 : Frequenzgang der Ausg.spg. und des Refl.fakt. des Übertragers

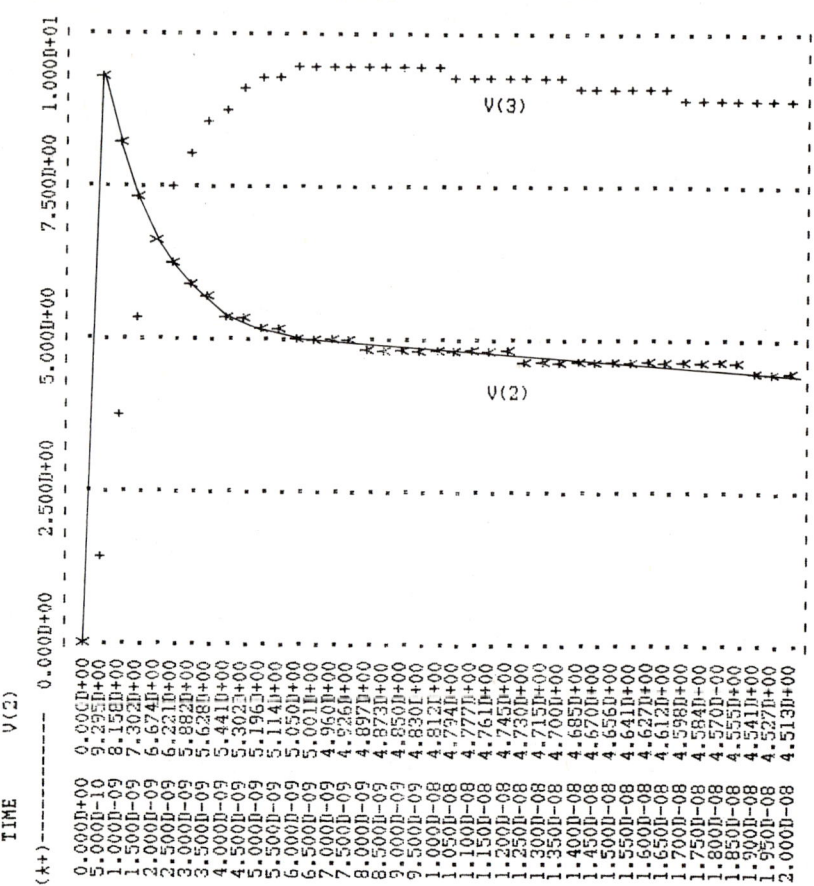

Bild 7.2.6 : Sprungantworten des Übertragers

Bild 7.2.6 zeigt die Sprungantworten an den Knoten 2 und 3 des Übertragers. Man registriert, daß für den Anfang der Sprungantwort die Zeitkonstante der Streuinduktivität

$$\tau_\sigma = L_\sigma /(2R_i) = 1{,}6 \text{ ns}$$

näherungsweise maßgebend ist, später die Zeitkonstante der Hauptinduktivität:

$$\tau_h = L_h/(R_i/2) = 160 \text{ ns}$$

Man beachte die Schwierigkeit, Zeitvorgänge mit weit auseinanderliegenden Zeitkonstanten darzustellen. So ist durch den relativ großen Zeitschritt, der deshalb so groß gewählt wurde, damit der Einfluß der Hauptinduktivität überhaupt sichtbar wurde, das Zeitverhalten zu Anfang der Sprungantwort nicht besonders genau dargestellt.

7.3 Simulation von Leitungen in der Digitaltechnik (TTL)

7.3.1 Ungekoppelte Leitungen

Bild 7.3.1 zeigt eine Schaltung, deren dynamisches Verhalten in /7.3/ sehr
ausführlich diskutiert wird und die wegen ihrer grundsätzlichen Bedeutung in
der Digitaltechnik hier als Beispiel gewählt wurde.

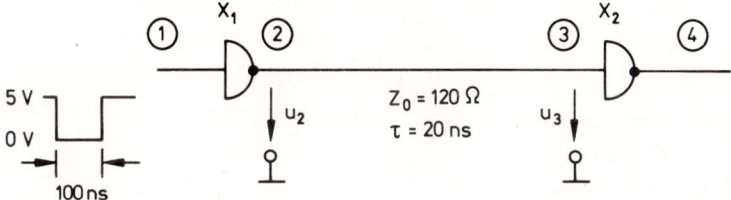

Bild 7.3.1 : Verbindung zweier Inverter durch eine Leitung

In Bild 7.3.2 ist das Schaltbild eines TTL-Inverters angegeben.

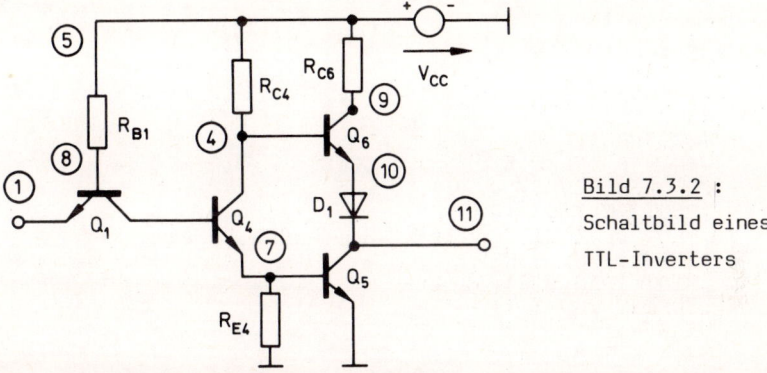

Bild 7.3.2 :
Schaltbild eines
TTL-Inverter

Für die graphische Bestimmung des dynamischen Verhaltens der Leitungsschal-
tung in Bild 7.3.1 nach Bergeron /7.3/ benötigt man die Eingangskennlinie und
die Ausgangskennlinien für den logischen Zustand "0" und "1" eines Inverters
im Strom-Spannungs-Koordinatensystem.   Bild 7.3.3 zeigt eine Anordnung von
drei Invertern,   in der die drei Kennlinien als Funktion der Spannung V_{in}
ermittelt werden können.

Bild 7.3.4 zeigt das zugehörige SPICE-Programm, das zusätzlich noch die
Übertragungskennlinie und das dynamische Verhalten eines Inverters berechnet,
und Bild 7.3.5 die drei berechneten Inverterkennlinien, wobei nach dem
Verfahren von Bergeron durch nachträgliches Einzeichnen die Geraden mit der
Steigung $1/Z_0$ bzw. $-1/Z_0$ abwechselnd zum Schnitt mit den Randbedingungen am
Ausgang bzw. am Eingang der Leitung gebracht wurden.

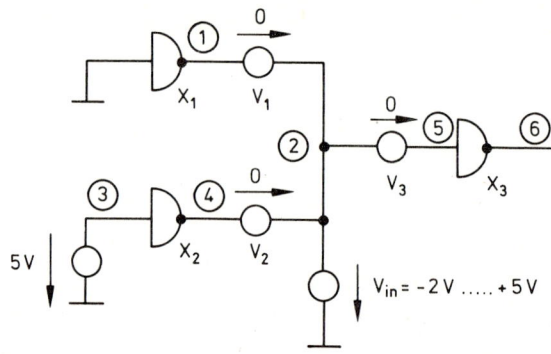

Bild 7.3.3 : Schaltbild zur Ermittlung der Eingangs- und Ausgangs-Kennlinien

eines TTL-Inverters

```
KENNLINIEN (STAT.) U. DYN. VERH. TTL-INV.
.WIDTH OUT=80
X1 0 1 INV
X2 3 4 INV
X3 5 6 INV
V1 1 2
V2 4 2
V3 2 5
VX2 3 0 5V
VIN 2 0 PULSE(5 0 0 0 0 50NS)
.DC VIN -2V 5V 0.2V
.PLOT DC V(6) (0,5)
.PLOT DC I(V1) I(V2) I(V3) (-30MA,30MA)
.TRAN 2.5NS 80NS
.PLOT TRAN V(6) (0 4)
.SUBCKT INV 1 11
Q1 6 8 1 M1
Q4 4 6 7 M1
Q5 11 7 0 M1
Q6 9 4 10 M1
RB1 5 8 4K
RC4 5 4 1.4K
RC6 5 9 100
RE4 7 0 1K
D1 10 11 DIODE
VCC 5 0 DC 5
.MODEL DIODE D RS=40 TT=0.1NS CJO=0.9PF
.MODEL M1 NPN BF=50 RB=70 RC=40 CJS=2PF TF=0.1NS
+TR=10NS CJE=0.9PF CJC=1.5PF VJC=0.85 VAF=50
.ENDS
.END
```

Bild 7.3.4 : SPICE-Programm zur Ermittlung der Eingangs- und Ausgangs-Kenn-

linien und des Umschaltverhaltens eines TTL-Inverters

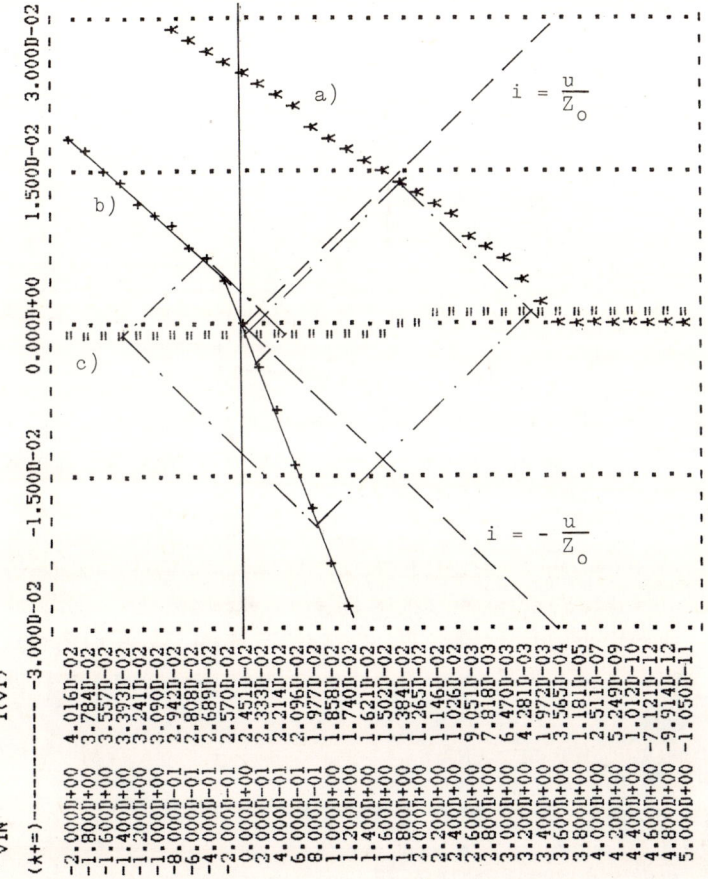

$$i = \frac{u}{Z_0}$$

$$i = -\frac{u}{Z_0}$$

<u>Bild 7.3.5</u> : Graphische Ermittlung des Einschwingvorgangs der Schaltung in
Bild 7.3.1 nach Bergeron im Ergebnisprotokoll des SPICE-Laufs
nach Bild 7.3.4 :

a) Ausgangskennlinie des Inverters bei Eingangsspannung Null

b) Ausgangskennlinie des Inverters bei Eingangsspannung 5 V

c) Eingangskennlinie des Inverters bei Leerlauf am Ausgang

Bild 7.3.6   zeigt als Auswertung von Bild 7.3.5 die Einschwingvorgänge der
Schaltung in Bild 7.3.1 für die ansteigende und abfallende Flanke eines
Impulses in weitgehender Übereinstimmung mit den in /7.3/ angegebenen
Ergebnissen.   Zu beachten ist, daß diese Betrachtung nur die dynamischen
Effekte der Leitung berücksichtigt, nicht das dynamische Verhalten der
Inverter selbst, da von statischen Kennlinien ausgegangen wurde.   Die

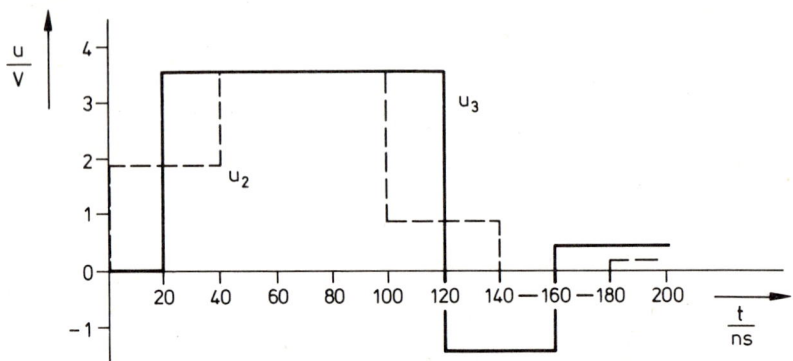

<u>Bild 7.3.6</u> : Der nach dem Verfahren von Bergeron graphisch aus den Inverter-
kennlinien in Bild 7.3.5 ermittelte zeitliche Spannungsverlauf
am Eingang (u_2) und am Ausgang (u_3) der Leitung in Bild 7.3.1

direkte Simulation des Schaltbilds 7.3.1 liefert das vollständige dynamische
Verhalten, da dabei neben den dynamischen Effekten der Leitung auch die der
Inverter berücksichtigt werden. Bild 7.3.7 zeigt das zugehörige SPICE-
Programm und Bild 7.3.8 als Ergebnis die Spannung am Eingang und Ausgang der

```
TTL-INV. MIT LEITUNG
.WIDTH OUT=80
X1 1 2 INV
X2 3 4 INV
VIN 1 0 PULSE(5 0 0 0 0 100NS)
T1 2 0 3 0 Z0=120 TD=20NS
.TRAN 4NS 200NS
.PLOT TRAN V(2) V(3) (-2 4)
.SUBCKT INV 1 11
Q1 6 8 1 M1
Q4 4 6 7 M1
Q5 11 7 0 M1
Q6 9 4 10 M1
RB1 5 8 4K
RC4 5 4 1.4K
RC6 5 9 100
RE4 7 0 1K
D1 10 11 DIODE
VCC 5 0 DC 5
.MODEL DIODE D RS=40 TT=0.1NS CJO=0.9PF
.MODEL M1 NPN BF=50 RB=70 RC=40 CJS=2PF TF=0.1NS
+TR=10NS CJE=0.9PF CJC=1.5PF VJC=0.85 VAF=50
.ENDS
.END
```

<u>Bild 7.3.7</u> : SPICE-Programm zur Simulation der Schaltung in Bild 7.3.1

Leitung.   Man erkennt, daß die Berücksichtigung der dynamischen Vorgänge
der Inverter bei der relativ langen Laufzeit der Leitung lediglich die
Flankensteilheit beeinflußt,   sonst die Ergebnisse aus dem Verfahren von
Bergeron (Bild 7.3.6) sehr gut bestätigt werden.   Damit ist gezeigt,   daß
sich das Verfahren von Bergeron als Kontrolle der Ergebnisse von Leitungssi-
mulationen gut eignet.

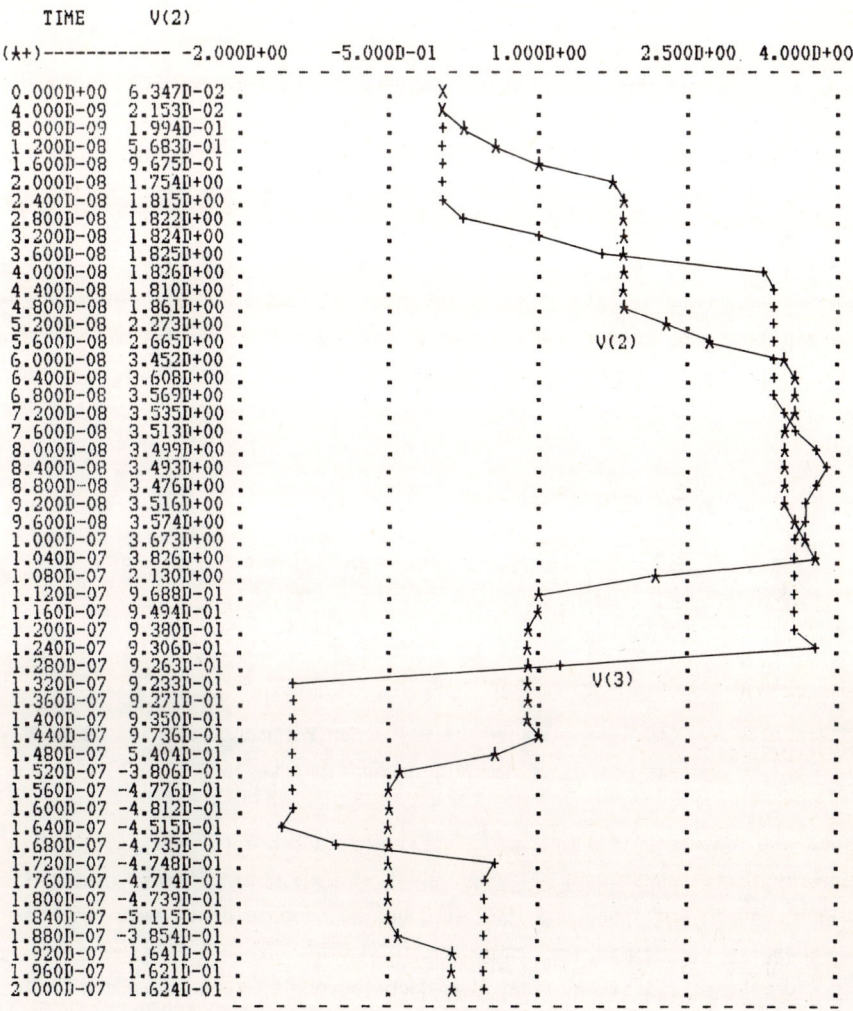

Bild 7.3.8 : Spannung am Eingang V(2) und Ausgang V(3) der Leitung in Bild
             7.3.1 als Ergebnis des SPICE-Programms in Bild 7.3.7

7.3.2 Gekoppelte Leitungen

Bild 7.3.9 zeigt ein System unendlich langer, gekoppelter Leitungen.

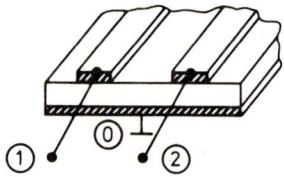

<u>Bild 7.3.9</u> : System unendlich langer, gekoppelter Leitungen

Werden Knoten 1 und 2 im Gleichtakt angeregt, d.h.   miteinander verbunden
und mit einer Spannung gegenüber dem Bezugsknoten beaufschlagt, so ist der
Eingangswiderstand dieses Systems gleich dem halben Gleichtaktwellenwider-
stand $Z_{0e}/2$.   Werden Knoten 1 und 2 im Gegentakt angeregt,   d.h.   die
anregende Spannung liegt jetzt zwischen den Knoten 1 und 2,   so ist der
Eingangswiderstand dieses Systems gleich dem doppelten Gegentaktwellenwider-
stand $2\,Z_{00}$ /7.4/. Dieses Verhalten zeigt auch das π - bzw. das T- Ersatzschaltbild für ein System unendlich langer,   gekoppelter Leitungen Bild
7.3.10.

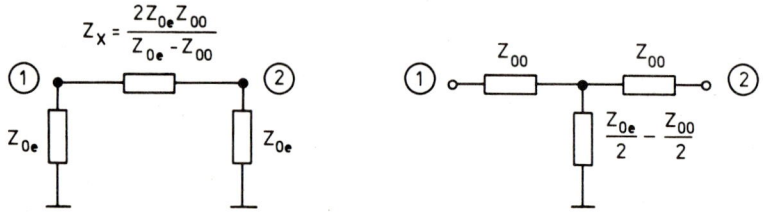

<u>Bild 7.3.10</u> : π - und T-Ersatzschaltbild für den Eingangswiderstand eines
              Systems unendlich langer, gekoppelter Leitungen

Da das   T-Ersatzschaltbild einen zusätzlichen Knoten erfordert, ist das π-
Ersatzschaltbild günstiger.   Danach liegt es nahe, ein System gekoppelter
Leitungen durch drei ungekoppelte Leitungen zu beschreiben: zwei Leitungen,
bei denen ein Leiter mit dem Bezugsknoten (Masse) verbunden ist und die den
Wellenwiderstand Z_{0e} haben, und eine hochliegende Leitung, die den Wellen-
widerstand $Z_x = 2\,Z_{0e}Z_{00}$ / $(Z_{0e} - Z_{00})$ aufweist.   Als Beispiel für ein
System gekoppelter Leitungen soll ein 3-dB-Koppler /7.4/ simuliert werden,
der in Bild 7.3.11 gezeigt ist.

170

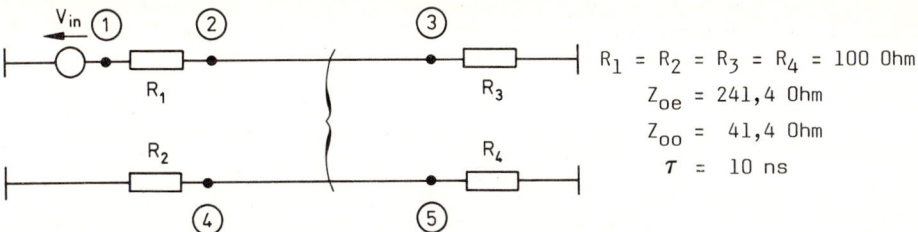

Bild 7.3.11 : Schaltbild eines 3-dB-Kopplers nach /7.4/

Der unbekannte Wellenwiderstand Z_x für die hochliegende Leitung errechnet sich zu 100 Ohm. Die exakte 3 dB Leistungsteilung ergibt sich nach /7.4/ für $f_0 = 1/(4\tau) = 25$ MHz. In der Umgebung dieser Frequenz soll der Frequenzgang untersucht werden. Damit ergibt sich das einfache Programm (Bild 7.3.12) zur Simulation des Frequenzgangs und der Sprungantworten des 3-dB-Kopplers.

```
3-DB-KOPPLER
VIN 1 0 PULSE(0 2) AC 2
R1 1 2 100
R2 4 0 100
R3 3 0 100
R4 5 0 100
T1 2 0 3 0 Z0=241.4 TD=10NS
T2 4 0 5 0 Z0=241.4 TD=10NS
T3 2 4 3 5 Z0=100 TD=10NS
.TRAN 2NS 80NS
.AC LIN 41 5MEG 45MEG
.PLOT TRAN V(2) V(4) V(3) V(5) (0,1)
.PLOT AC VDB(4) VDB(3) (-6,0)
.END
```

Bild 7.3.12 : SPICE-Programm zur Simulation des 3-dB-Kopplers

Die damit erhaltenen Ergebnisse für die Sprungantworten stimmen mit denen in /7.4/ graphisch nach dem Verfahren von Bergeron ermittelten völlig überein.

Ein etwas anspruchsvolleres Beispiel für die Simulation gekoppelter Leitungen, das sich nicht mehr auf einfache Weise lösen läßt, ist die Simulation des antiparallelen Nebensprechens in Digitalschaltungen. In /7.3/ ist eine Diskussion dieses Problems durchgeführt und es sind Meßkurven angegeben. Bild 7.3.13 zeigt die zu untersuchende Schaltung, wobei die Wellenwiderstände wie bei dem oben diskutierten 3-dB-Koppler gewählt wurden,da in /7.3/ genauere Angaben fehlen. Bild 7.3.14 zeigt das SPICE-Programm für die Simulation des antiparallelen Nebensprechens. Bild 7.3.15 zeigt das Ergebnis, das in allen wesentlichen Effekten mit den in /7.3/ angegebenen Meßkurven übereinstimmt.

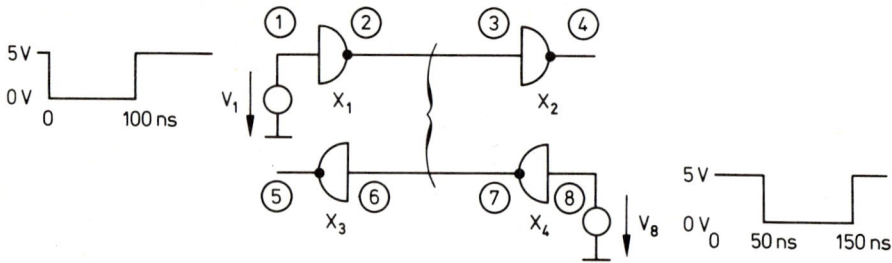

<u>Bild 7.3.13</u> : Schaltbild zum antiparallelen Nebensprechen

```
TTL-INV. MIT GEK. LEITUNG
.WIDTH OUT 80
X1 1 2 INV
X2 3 4 INV
X3 6 5 INV
X4 8 7 INV
V1 1 0 PULSE(5 0 0 0 0 100NS)
V8 8 0 PULSE(5 0 50NS 0 0 100NS)
T1 2 0 3 0 Z0=241.4 TD=10NS
T2 6 0 7 0 Z0=241.4 TD=10NS
T3 2 6 3 7 Z0=100 TD=10NS
.TRAN 3NS 200NS
.PLOT TRAN V(5) (-15,5) V(6) (-2,6)
.SUBCKT INV 1 11
Q1 6 8 1 M1
Q4 4 6 7 M1
Q5 11 7 0 M1
Q6 9 4 10 M1
RB1 5 8 4K
RC4 5 4 1.4K
RC6 5 9 100
RE4 7 0 1K
D1 10 11 DIODE
VCC 5 0 DC 5
.MODEL DIODE D RS=40 TT=0.1NS CJO=0.9PF
.MODEL M1 NPN BF=50 RB=70 RC=40 CJS=2PF TF=0.1NS
+TR=10NS CJE=0.9PF CJC=1.5PF VJC=0.85 VAF=50
.ENDS
.END
```

<u>Bild 7.3.14</u> : SPICE-Programm zur Simulation des antiparallelen
Nebensprechens

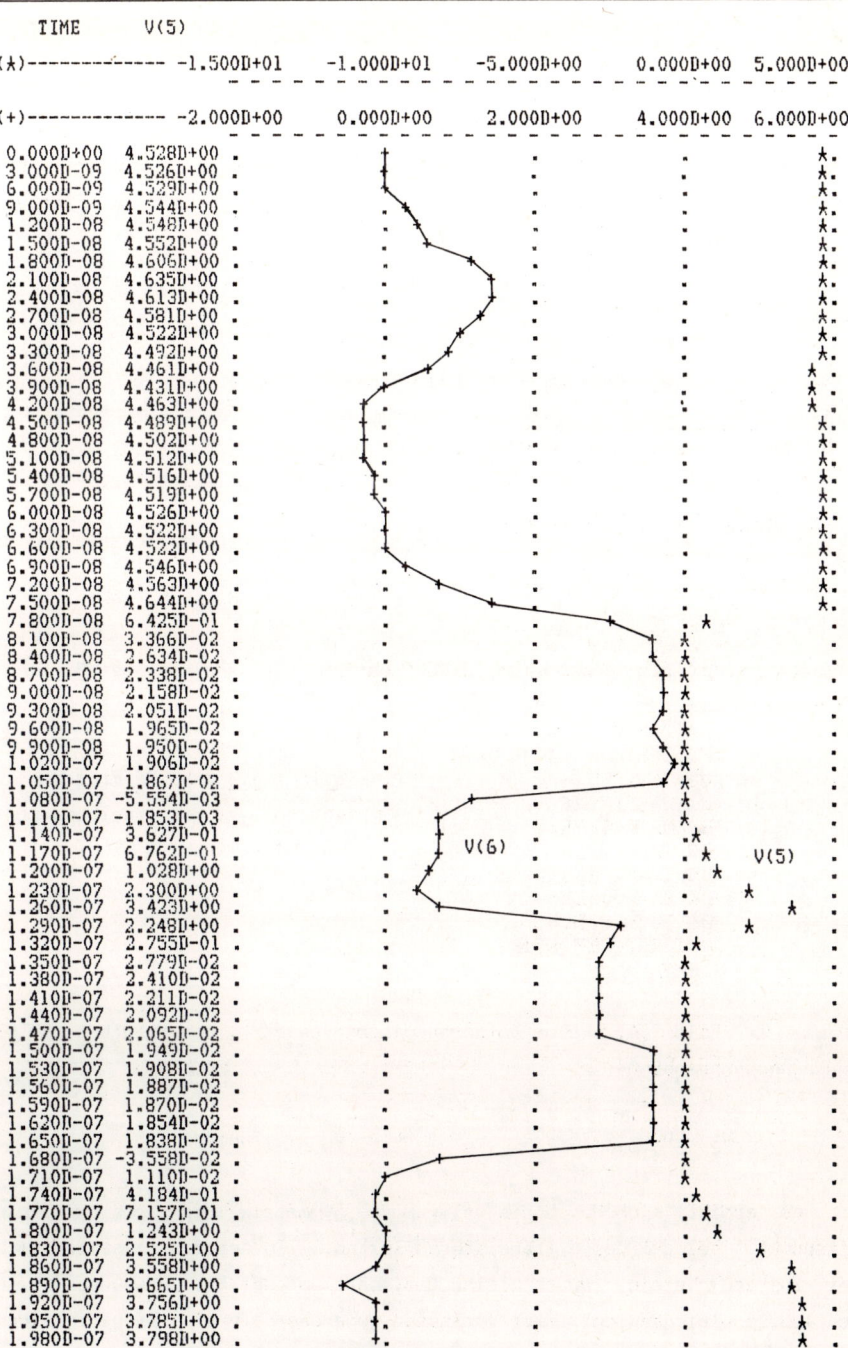

```
 TIME      V(5)

(*)------------- -1.500D+01    -1.000D+01    -5.000D+00    0.000D+00  5.000D+00

(+)------------- -2.000D+00     0.000D+00     2.000D+00    4.000D+00  6.000D+00

0.000D+00  4.528D+00
3.000D-09  4.526D+00
6.000D-09  4.529D+00
9.000D-09  4.544D+00
1.200D-08  4.548D+00
1.500D-08  4.552D+00
1.800D-08  4.606D+00
2.100D-08  4.635D+00
2.400D-08  4.613D+00
2.700D-08  4.581D+00
3.000D-08  4.522D+00
3.300D-08  4.492D+00
3.600D-08  4.461D+00
3.900D-08  4.431D+00
4.200D-08  4.463D+00
4.500D-08  4.489D+00
4.800D-08  4.502D+00
5.100D-08  4.512D+00
5.400D-08  4.516D+00
5.700D-08  4.519D+00
6.000D-08  4.526D+00
6.300D-08  4.522D+00
6.600D-08  4.522D+00
6.900D-08  4.546D+00
7.200D-08  4.563D+00
7.500D-08  4.644D+00
7.800D-08  6.425D-01
8.100D-08  3.366D-02
8.400D-08  2.634D-02
8.700D-08  2.338D-02
9.000D-08  2.158D-02
9.300D-08  2.051D-02
9.600D-08  1.965D-02
9.900D-08  1.950D-02
1.020D-07  1.906D-02
1.050D-07  1.867D-02
1.080D-07 -5.554D-03
1.110D-07 -1.853D-03
1.140D-07  3.627D-01
1.170D-07  6.762D-01
1.200D-07  1.028D+00
1.230D-07  2.300D+00
1.260D-07  3.423D+00
1.290D-07  2.248D+00
1.320D-07  2.755D-01
1.350D-07  2.779D-02
1.380D-07  2.410D-02
1.410D-07  2.211D-02
1.440D-07  2.092D-02
1.470D-07  2.065D-02
1.500D-07  1.949D-02
1.530D-07  1.908D-02
1.560D-07  1.887D-02
1.590D-07  1.870D-02
1.620D-07  1.854D-02
1.650D-07  1.838D-02
1.680D-07 -3.558D-02
1.710D-07  1.110D-02
1.740D-07  4.184D-01
1.770D-07  7.157D-01
1.800D-07  1.243D+00
1.830D-07  2.525D+00
1.860D-07  3.558D+00
1.890D-07  3.665D+00
1.920D-07  3.756D+00
1.950D-07  3.785D+00
1.980D-07  3.798D+00
```

Bild 7.3.15 : Simulationsergebnis: Störimpuls bei V(5) durch Kopplungs-
effekte zwischen den Leitungen

173

7.4 Kippschaltungen   .NODESET,OFF,UIC,.IC

In diesem Kapitel soll am Beispiel des Flip-Flops, des Schmitt-Triggers und
des astabilen Multivibrators das Setzen von Anfangsbedingungen im Programm
SPICE gezeigt werden.

7.4.1 Flip-Flop   .NODESET

Bild 7.4.1 zeigt die Schaltung eines Flip-Flops mit bipolaren Transistoren.

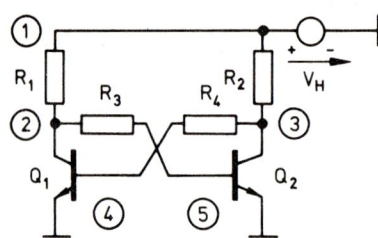

Bild 7.4.1 : Flip-Flop mit
bipolaren Transistoren

$R_1 = R_2 = 4,7$ kOhm
$R_3 = R_4 = 47$ kOhm

Bild 7.4.2 zeigt das zugehörige SPICE-Programm zur Analyse des Gleichstromarbeitspunkts.

```
FLIP-FLOP (BIPOLAR)
VH 1 0 5V
R1 1 2 4.7K
R2 1 3 4.7K
R3 2 5 47K
R4 3 4 47K
Q1 2 4 0 DEF
Q2 3 5 0 DEF
.MODEL DEF NPN
.END
```

Bild 7.4.2 : SPICE-Programm
zur Analyse des Arbeitspunkts
des Flip-Flops

Wird wie in Bild 7.4.2 keine Anfangsbedingung gesetzt, so liefert SPICE
folgende Knotenspannungen

$$V_2 = V_3 = 1,15 \text{ V} \qquad V_4 = V_5 = 0,7688 \text{ V}$$

d.h. es ergibt sich durch die vollkommene Symmetrie der Schaltung ein
Arbeitspunkt, bei dem beide Transistoren leiten.   In der Praxis stellt sich
dieser Zustand nie ein, durch kleine Unsymmetrien oder Störspannungen wird
dieses labile Gleichgewicht immer verlassen, und das Flip-Flop kippt in einen
stabilen Zustand, der dadurch gekennzeichnet ist, daß ein Transistor leitet
und der andere gesperrt ist.   Anstatt die Schaltung künstlich unsymmetrisch
zu machen, um einen stabilen Zustand des Flip-Flops zu erzwingen, kann man

bei SPICE Anfangsbedingungen setzen, die den gleichen Zweck erfüllen. Eine
Möglichkeit ist durch die Anweisung .NODESET gegeben (s. Kap. 3.2.5).
Wird in Bild 7.4.2 die Zeile

$$.NODESET \quad V(2)=5V$$

eingefügt, so ergibt die anschließende Arbeitspunktsanalyse folgende Knotenspannungen

$$V_2 = 4,6162\ V \quad V_3 = 0,0733\ V \quad V_4 = 0,0733\ V \quad V_5 = 0,7787\ V \quad ,$$

d.h. der Transistor Q_1 ist jetzt gesperrt und Q_2 leitend. Man beachte,
daß V_2 nicht genau den Wert 5 V annimmt, da, wie in Kap. 3.2.5 ausgeführt,
die vorgegebene Knotenspannung nur eine Hilfe zur Bestimmung des Arbeitspunkts darstellt, der endgültige Arbeitspunkt aber mit den Elementen der
Schaltung allein bestimmt wird. Der andere Zustand des Flip-Flops kann
durch die Angabe

$$.NODESET \quad V(2)=0V$$

in Bild 7.4.2 erzwungen werden.

7.4.2 Schmitt-Trigger OFF

Bild 7.4.3 zeigt das Schaltbild eines Schmitt-Triggers /7.5/.

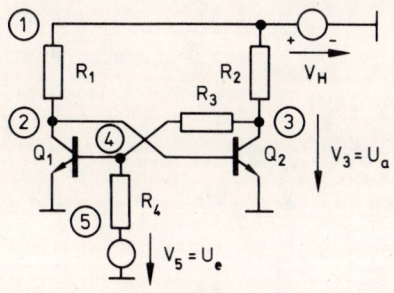

Bild 7.4.3 : Schmitt-Trigger

$R_1 = R_2 = 4,7\ kOhm$

$R_3 = R_4 = 47\ kOhm$

Die prinzipielle Übertragungskennlinie mit Hysterese zeigt Bild 7.4.4.

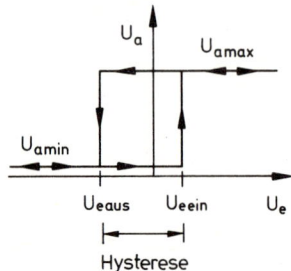

Bild 7.4.4 : Übertragungs-

kennlinie des Schmitt-

Triggers

Diese Kennlinie ist unmittelbar mit SPICE nicht zu ermitteln, da in der .DC-Analyse zur Bestimmung von Gleichstromübertragungskennlinien die Spannung nur in einer Richtung verändert werden kann. Man kann natürlich in einem zweiten SPICE-Lauf die Spannung zurücklaufen lassen und so die Übertragungskennlinie mit Hysterese ermitteln. Man kann sich aber auch in einem SPICE-Lauf das Verhalten des Schmitt-Triggers veranschaulichen, wenn man die Eingangsspannung linear mit der Zeit verändert. Bild 7.4.5 zeigt das SPICE-Programm zur Bestimmung der Hysterese des Schmitt-Triggers und Bild 7.4.6 das Ergebnis. Man beachte, daß die Eingangsspannung im Bereich von 0 bis 100 us linear von -5 V bis +5 V ansteigt, somit die Differenz zwischen zwei Punkten im Abstand von 5 us einer Spannung von 0,5 V entspricht. Weiterhin ist zu beachten, daß bei .TRAN-Analysen von Kippschaltungen unbedingt den aktiven Elementen dynamische Parameter zuzuordnen sind (hier TF und CJC auf der .MODEL-Anweisung für die Transistoren), sonst gibt es an den Schaltpunkten im allgemeinen Konvergenzschwierigkeiten.

```
SCHMITT-TRIGGER
.WIDTH OUT=80
VH 1 0 5V
R1 1 2 4.7K
R2 1 3 4.7K
R3 3 4 47K
R4 5 4 47K
VE 5 0 PULSE(-5 5 0 100U 100U 10U)
Q1 2 4 0 TYP
Q2 3 2 0 TYP
.MODEL TYP NPN TF=0.1N CJC=1P
.TRAN 5U 210U
.PLOT TRAN V(5) V(3)
.END
```

Bild 7.4.5 : SPICE-Programm zur Bestimmung der Hysterese des Schmitt-Triggers

Aus Bild 7.4.6 ermittelt man

$$U_{e\ ein} = 1,5\ V \quad und \quad U_{e\ aus} = -3\ V$$

in guter Übereinstimmung mit den aus Bild 7.4.3 leicht abzuleitenden Formeln
mit $u_{BE} = 0,8\ V$, $U_{amin} \approx 0\ V$, $U_{amax} \approx 4,6\ V$

$$U_{e\ ein} = (1 + R_4/R_3)\ u_{BE} - R_4/R_3\ U_{a\ min} = 2\ 0,8\ V = 1,6\ V$$
$$U_{e\ aus} = (1 + R_4/R_3)\ u_{BE} - R_4/R_3\ U_{a\ max} = 2\ 0,8\ V - 4,6\ V = -3,0\ V$$

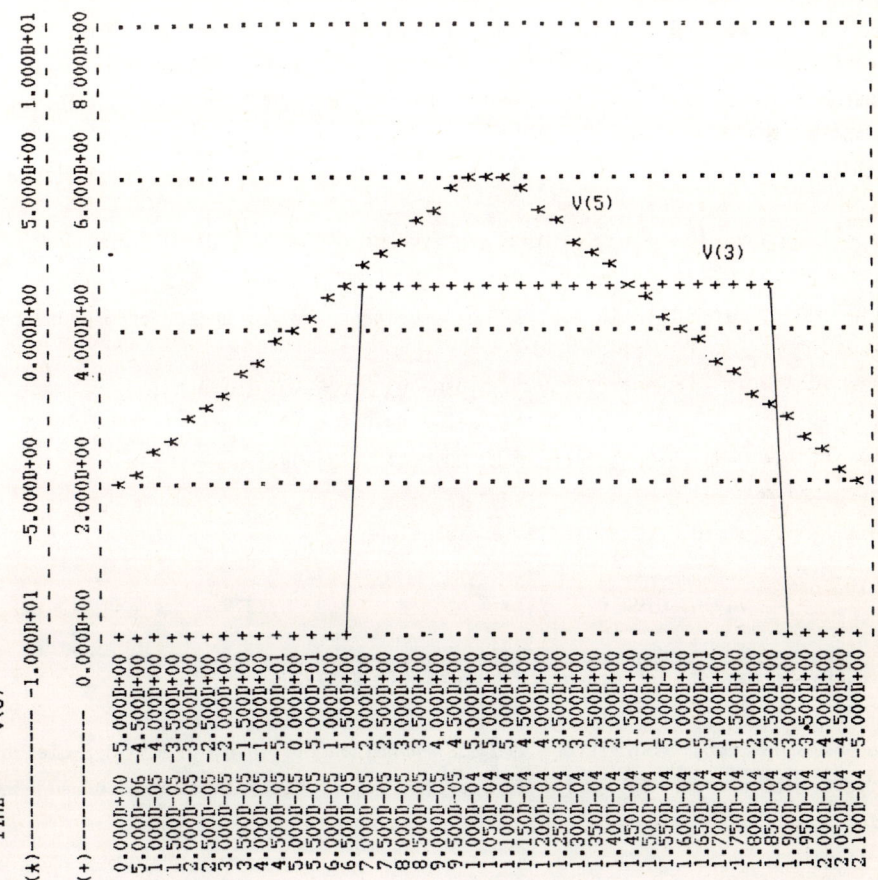

<u>Bild 7.4.6</u> : SPICE-Ergebnis zu Bild 7.4.5 : Zeitlicher Verlauf der Eingangs-
spannung V(5) und der Ausgangsspannung V(3) des Schmitt-Triggers
nach Bild 7.4.3

Wird nun eine feste Eingangsspannung von U_e = 0V gewählt, so müßte die Arbeitspunktsanalyse des Schmitt-Triggers gemäß Bild 7.4.6 entweder V(3) = 0 oder V(3) = 4,6 V ergeben. Läßt man in Bild 7.4.5 alle Angaben weg, die die .TRAN-Analyse betreffen, so ist dieses Programm zur Analyse des Arbeitspunkts bei VE = 0V geeignet. Das Ergebnis liefert folgende Knotenspannungen:

$$V_2 = 0{,}7619\ V \qquad V_3 = 1{,}9636\ V \qquad V_4 = 0{,}7714\ V \qquad ,$$

d.h. beide Transistoren leiten, ein labiler Gleichgewichtszustand wie beim Flip-Flop. Durch die OFF-Option (s. Kap. 2.5) können bei dem Transistor Q_1 bzw. Q_2 zu Beginn der Arbeitspunktsanalyse alle Klemmenspannungen 0 gesetzt werden. Die endgültige Arbeitspunktanalyse führt dann zu einem Zustand, bei dem der Transistor, der mit einem OFF gekennzeichnet ist, gesperrt ist. Wird also in Bild 7.4.5 für den Transistor Q_1 die Elementanweisung

Q1 2 4 0 TYP OFF

eingeführt, so ergibt die Analyse des Arbeitspunkts folgende Knotenspannungen

$$V_2 = 0{,}8007\ V \qquad V_3 = 0{,}0303\ V \qquad V_4 = 0{,}0151\ V \qquad ,$$

d.h. Q_1 ist gesperrt, Q_2 leitet. (.NODESET V(3)=0V)

Wird Q_2 mit dem OFF versehen, so ergibt sich

$$V_2 = 0{,}0794\ V \qquad V_3 = 4{,}6162\ V \qquad V_4 = 0{,}7779\ V \qquad ,$$

d.h. Q_1 leitet, Q_2 ist gesperrt. (.NODESET V(3)=5V)

Zu bemerken ist, daß mit dem .NODESET-Anweisung (s. Kap. 3.2.5) der gleiche Effekt wie mit der OFF-Option zu erzielen ist. Die entsprechenden Angaben sind oben in Klammern angefügt.

7.4.3 Astabiler Multivibrator UIC,.IC

Bild 7.4.7 zeigt einen astabilen Multivibrator /7.5/, der für eine Frequenz von 10 kHz dimensioniert wurde, und Bild 7.4.8 den prinzipiellen Spannungsverlauf an den einzelnen Knoten.

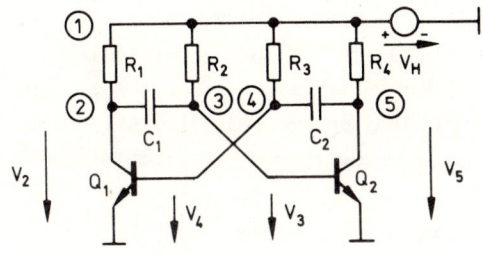

Bild 7.4.7 : Astabiler
Multivibrator

$R_1 = R_4 = 4,7$ kOhm
$R_2 = R_3 =$ 47 kOhm
$C_1 = C_2 = 1,535$ nF

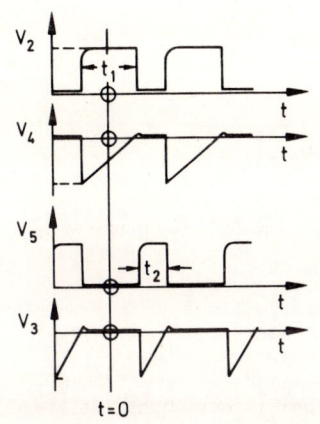

Bild 7.4.8 : Prinzipielle Zeitabhängigkeit der einzelnen Knotenspannungen des astabilen Multivibrators nach Bild 7.4.7

Bild 7.4.9 zeigt ein SPICE-Programm zur Analyse des Zeitverhaltens des astabilen Multivibrators, ohne daß Anfangsbedingungen gesetzt werden.

```
ASTABILER MULTIVIBRATOR
.WIDTH OUT=80
VH 1 0 5V
R1 1 2 4.7K
R2 1 3 47K
R3 1 4 47K
R4 1 5 4.7K
C1 2 3 1.535N
C2 5 4 1.535N
Q1 2 4 0 TYP
Q2 5 3 0 TYP
.MODEL TYP NPN TF=1N CJC=1PF
.TRAN 5U 160U
.PLOT TRAN V(3) V(5) (-5,15) V(4) V(2) (-15,5)
.END
```

Bild 7.4.9 : SPICE-Programm
zur Analyse des Zeitverhaltens
des astabilen Multivibrators

Das SPICE-Ergebnis zeigt nach einiger Zeit ein Anschwingen des astabilen Multivibrators quasi aus dem numerischen Rauschen d.h. der Ungenauigkeit der Rechnung heraus. Will man ein ganz definiertes Anschwingen erzielen, so müssen Anfangsbedingungen für die .TRAN-Analyse (s. Kap 3.3.1) gesetzt werden. Von den vielen in Tabelle 3.3.1 aufgelisteten Möglichkeiten, Anfangsbedingungen zu setzen, hat sich bei vielen Versuchen mit der hier diskutierten Schaltung die Möglichkeit Nr. 7 (UIC,.IC) als günstigste erwiesen. In Bild 7.4.8 sind mit t=0 die verschiedenen Anfangsspannungen gekennzeichnet. Es ist bewußt nicht ein Umklappunkt gewählt worden. Man liest ab

V_2 = 5V V_4 = -2,5V V_5 = 0V (Sätt.-spg.Q_2) V_3 = 0,8V (Schwell.-spg.Q_2)

Das SPICE-Programm in Bild 7.4.9 wird jetzt ergänzt durch **UIC** auf der .TRAN-Anweisung und durch die Anweisung

.IC V(2)=5V V(3)=0.8V V(4)=-2.5V

(nicht erwähnte Knoten bekommen automatisch die Anfangsspannung 0V !). Die Analyse-Anweisung lautet jetzt

.TRAN 5U 160U UIC

Bild 7.4.10 zeigt das Analyse-Ergebnis, wobei in der oberen Hälfte des Bildes V_2 und V_4 und in der unteren Hälfte V_3 und V_5 dargestellt sind.

Man sieht, daß die Schaltung ganz definiert bei den gewünschten Anfangswerten zu schwingen anfängt. Es sei bemerkt, daß das Setzen von Anfangsbedingungen bei komplizierten Schaltungen nicht immer ganz einfach ist und ein gutes Verständnis der Schaltung erfordert. Schon wenn bei der hier diskutierten Schaltung V_3 = 0V anstatt 0,8V gesetzt wird, startet die Schaltung an einem ganz anderen Punkt, da beide Transistoren jetzt gesperrt sind.

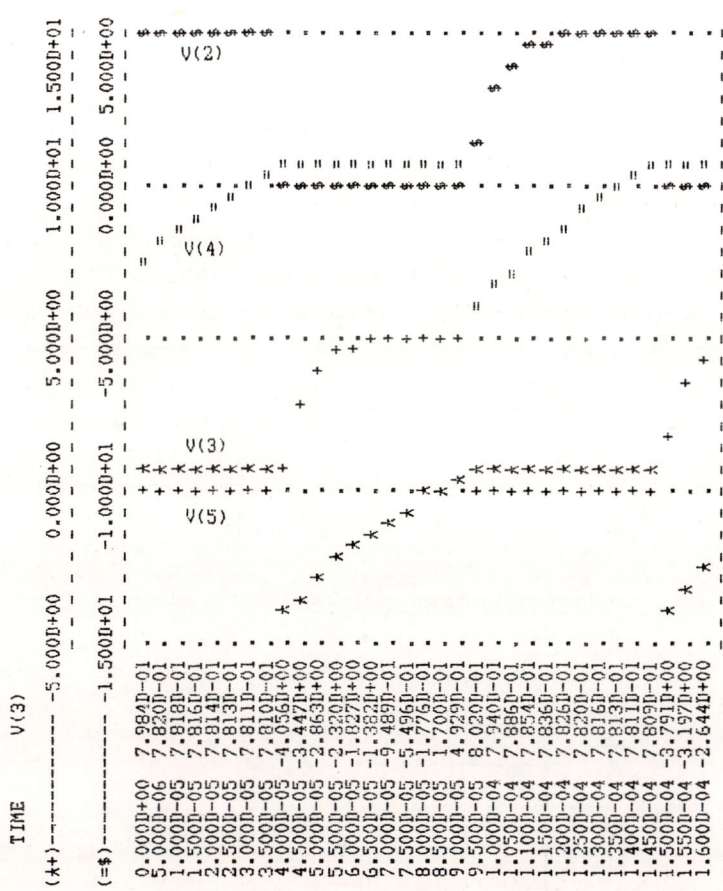

<u>Bild 7.4.10</u> : SPICE-Ergebnis: Zeitverhalten mit Anfangsbedingungen der
Knotenspannungen des astabilen Multivibrators

7.5 Entwurf und Simulation eines CMOS-Operationsverstärkers

7.5.1 Einleitung

In /7.6/ sind die Regeln angegeben, die bei dem Entwurf eines CMOS-Operationsverstärkers zu beachten sind. In diesem Kapitel soll die Dimensionierung eines zweistufigen CMOS-Operationsverstärkers dargestellt werden, wobei die Überprüfung der Eigenschaften des Verstärkers mit Hilfe von SPICE durchgeführt wird. Für die Dimensionierung wurden wie in /7.6/ einfache Modelle für die MOS-Transistoren verwendet (level 1). Es sollen im folgenden die für die Dimensionierung wichtigen physikalisch-elektrotechnischen Zusammenhänge im Hinblick auf die spätere Simulation mit SPICE erläutert werden. Der quantitative Entwurf eines Verstärkers nach vorgegebenen Forderungen wird danach Schritt für Schritt durchgeführt. Mit SPICE wird die weitgehende Erfüllung der Entwurfsziele nachgewiesen.

7.5.2 Elementare Theorie für die Dimensionierung

Bild 7.5.1 zeigt das Schaltbild des CMOS-Operationsverstärkers. Dieser

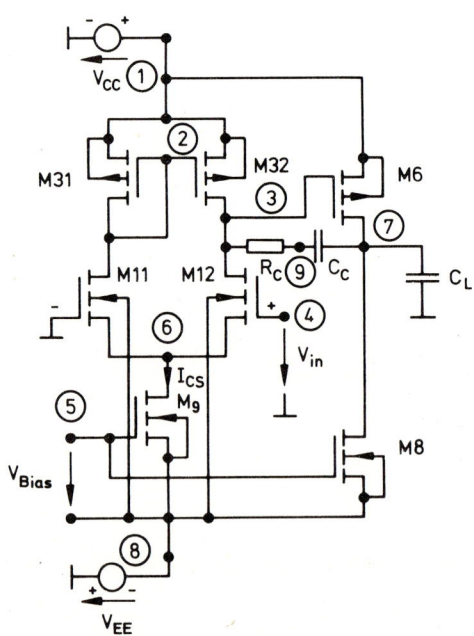

Bild 7.5.1 : Schaltbild des CMOS-Operationsverstärkers

besteht aus einer Differenzverstärkerstufe mit Stromquelle (M9) und
Gegentakt-Eintakt-Umwandlung (M31,M32), einer zweiten Eintaktverstärkerstufe
(M6,M8) und einer Frequenzgangkompensation (R_C,C_C). Die Kapazität C_L stellt
die Lastkapazität dar.

7.5.2.1 Quasistatische Kleinsignalverstärkung der
Differenzverstärkerstufe

Bild 7.5.2 zeigt das vereinfachte quasistatische Kleinsignalersatzschaltbild
eines MOSFETs. Es besteht aus einer gesteuerten Stromquelle und einem
parallel-liegenden Ausgangsleitwert g_0.

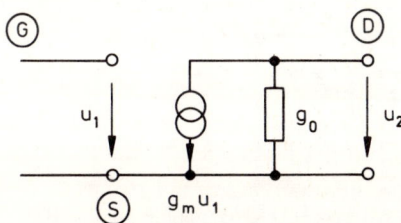

Bild 7.5.2 : Vereinfachtes quasistatisches Kleinsignalersatzschaltbild
             eines MOSFETs

Bei dem Transistor M31 in Bild 7.5.1 sind die Anschlüsse Drain und Gate
miteinander verbunden. Kleinsignalmäßig wirkt er dann wie ein aus der
Parallelschaltung von g_m und g_0 gebildeter zweipoliger Leitwert (s. Bild
7.5.3).

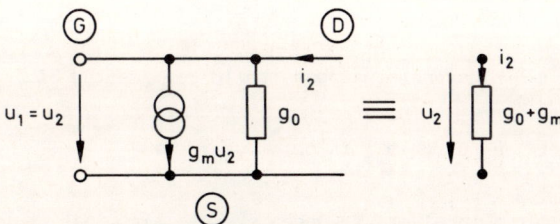

Bild 7.5.3 : Kleinsignalersatzschaltbild bei Verbindung von Gate und Drain

Mit den Bildern 7.5.2 und 7.5.3 ergibt sich das in Bild 7.5.4 gezeigte
quasistatische Kleinsignalersatzschaltbild der Differenzverstärkerstufe.
Dabei wurde angenommen, daß der Transistor M9 eine ideale Stromquelle
darstellt.

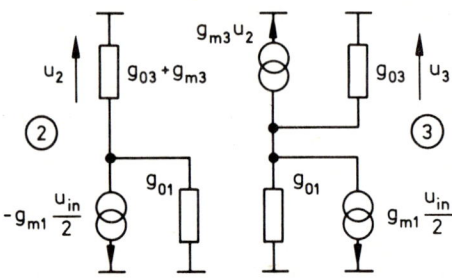

<u>Bild 7.5.4</u> : Kleinsignalersatzschaltbild der Differenzverstärkerstufe

Für die Kleinsignalverstärkung der Differenzverstärkerstufe ergibt sich aus den Knotengleichungen für $g_{m3} \gg g_{o1} + g_{o3}$

$$u_3/u_{in} \approx -g_{m1} / (g_{o1} + g_{o3}) \quad .$$

7.5.2.2 Quasistatische Kleinsignalverstärkung der zweiten Stufe

Bild 7.5.5 zeigt das quasistatische Kleinsignalersatzschaltbild der zweiten Stufe.

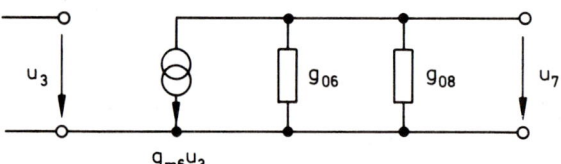

<u>Bild 7.5.5</u> : Kleinsignalersatzschaltbild der zweiten Stufe

Daraus liest man ab: $u_7/u_3 = -g_{m6} / (g_{o6} + g_{o8}) \quad .$

Aus dem Produkt der Einzelverstärkungen ergibt sich die quasistatische Gesamtverstärkung zu

$$A_o = u_7/u_{in} \approx g_{m1} \, g_{m6} / ((g_{o1} + g_{o3})(g_{o6} + g_{o8})) \quad . \quad (7.5.1)$$

7.5.2.3 Kleinsignalverstärkung des Gesamtverstärkers bei Berücksichtigung

   von Kapazitäten und Kompensation

Bild 7.5.6   zeigt das Kleinsignalersatzschaltbild des Gesamtverstärkers bei
Berücksichtigung der Eingangs- und Ausgangskapazität der zweiten Stufe.

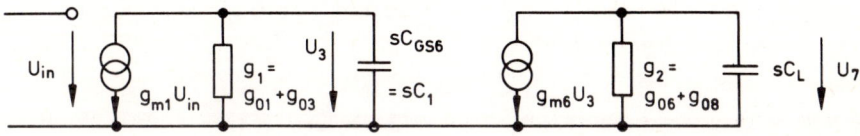

<u>Bild 7.5.6</u> : Kleinsignalersatzschaltbild des Gesamtverstärkers mit

   Kapazitäten im Laplace-Bereich

Für die Gesamtverstärkung ergibt sich daraus:

$$U_7/U_{in} = A(s) = g_{m1}\, g_{m6}\, /\, ((g_1 + sC_1)(g_2 + sC_L))$$

$$= A_0\, /\, ((1 - s/p_1)(1 - s/p_2))$$

mit den zwei reellen Polen: $p_1 = -g_1/C_1$ $p_2 = -g_2/C_L$.

Bei   quantitativen Untersuchungen zeigt sich,   daß die   beiden   Pole
frequenzmäßig nicht sehr weit auseinanderliegen.   Das bedeutet, daß die
Verstärkung noch deutlich größer Eins ist, wenn die Wirkung des zweiten Pols
einsetzt, bzw.   daß sich die Phasendrehung der Gesamtverstärkung 180^0
nähert,   wenn die Verstärkung Eins wird.   Um die Stabilität zu
gewährleisten,   bzw. um beim gegengekoppelten Verstärker eine unerwünschte
Überhöhung des Frequenzgangs der Verstärkung zu vermeiden,   muß unbedingt
eine Kompensation eingeführt werden.   Eine Kapazität zwischen erster und
zweiter   Stufe   des   Verstärkers   führt   zwar,   wie   bei   bipolaren
Operationsverstärkern,   zum sogenannten "pole-splitting", verursacht aber
bei CMOS-Operationsversärkern wegen der hier niedrigeren Verstärkung eine
störende positive Nullstelle,   welche die Phasendrehung und damit die
Stabilität ungünstig beeinflußt.   Die Elimination dieser Nullstelle gelingt
durch ein richtig dimensioniertes   RC-Glied,   das zwischen die
Verstärkerstufen geschaltet wird.   Bild 7.5.7 zeigt schließlich das Kleinsignalersatzschaltbild des Gesamtverstärkers mit Kompensation (R_c, C_c).

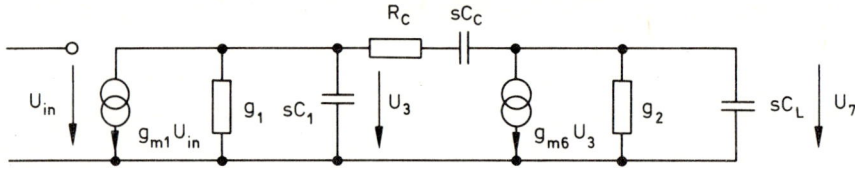

Bild 7.5.7 : Kleinsignalersatzschaltbild des Gesamtverstärkers mit
Kompensation

Es gelten folgende Beziehungen:

$$U_7/U_{in} = A_{RC}(s) \approx A_0 \, (1 + (R_c - 1/g_{m6})sC_c \,) \, / \, ((1 - s/p_{1c})(1 - s/p_{2c}))$$

für $C_1 C_L/(C_1 + C_L) \ll C_c$

dominanter Pol (Miller-Pol): $p_{1c} \approx -g_1 g_2/g_{m6}C_c$

nicht-dominanter Pol: $p_{2c} \approx -g_{m6}/C_L$.

Elimination der Nullstelle: $R_c \;\; = 1/g_{m6}$

7.5.3 Festlegungen für die Verstärkerdimensionierung

- Es wird $C_c = C_L$ gewählt.

- Die 0 dB-Frequenz f_{0dB} soll durch den dominanten Pol p_{1c} bestimmt sein.
  Dann gilt:

$$1 = A_0/((1+(\omega_{0dB}/-p_{1c})^2 \,)^{1/2} \approx -A_0 p_{1c}/\omega_{0dB} = g_{m1}/\omega_{0dB}C_c$$

$$g_{m1} = \omega_{0dB}C_c \qquad . \qquad (7.5.2)$$

- Der nichtdominante Pol soll bei der dreifachen 0-dB-Frequenz liegen.
  Damit ist eine Phasendrehung (open loop) von $<120^{\circ}$ garantiert
  (Phasenrand $>60^{\circ}$).

$$-p_{2c} = 3 \; \omega_{0dB}$$

$$g_{m6}/C_L = 3 \ g_{m1}/C_c$$

$$g_{m6} = 3 \ g_{m1} \qquad\qquad (7.5.3)$$

- Elimination der Nullstelle:

$$R_c = 1/g_{m6} \qquad\qquad (7.5.4)$$

- Bei großer Eingangsspannung lädt bzw. entlädt der Strom I_{cs} durch den Transistor M9 die Kompensationskapazität C_c. Deshalb gilt für die "Slew Rate" (SR):

$$I_{cs} = C_c \ SR \qquad . \qquad (7.5.5)$$

7.5.4 Dimensionierung des CMOS-Operationsverstärkers

Forderungen :   Slew Rate   SR = 5V/us

Verstärkung $A_0 = 10000 \,\hat{=}\, 80$ dB

0-dB-Frequenz $f_{0dB} = 2,5$ MHz

Modellparameter (level 1) für MOSFETs (NMOS/CMOS-Prozeß Universität Dortmund)

Parameter	NMOS	PMOS
minimale Länge L_{min}	2,5 um	1,3 um
Schwellspannung V_{TO}	1,2 V	-1,2 V
Übertr.-Leitw.-Param. K_p	35 uA/V^2 = k_{pn}	12 uA/V^2 = k_{pp}
Oxiddicke t_{ox}	40 nm	40 nm

Entwurf :

Vorgaben: Ruhestrom in der Differenzverst.-stufe I_{cs} = 40 uA

Ruhestrom in der zweiten Verst.-stufe I_{D6} =200 uA

positive Versorgungsspannung V_{CC} = 5 V

negative Versorgungsspannung V_{EE} = -5 V

Daraus folgt nach Gl. 7.5.5

$$C_c = I_{cs} \ / \ SR = 40uA/(5V/us) = 8 \text{ pF} = C_L$$

und damit nach Gln. 7.5.2, 3, 4

$$g_{m1} = \omega_{0dB} \, C_c = 2\,\pi\,2,5\text{MHz} \cdot 8\text{pF} = 125,66 \text{ uS}$$

$$g_{m6} = 3\,g_{m1} = 377 \text{ uS}$$

$$R_c = 1/g_{m6} = 2,65 \text{ kOhm} \quad .$$

Bestimmung des Kanallängenmodulationsparameters λ

Aus Gl. 7.5.1 folgt

$$(g_{o1} + g_{o3})(g_{o6} + g_{o8}) = g_{m1}\,g_{m6}\,/\,A_o \quad .$$

Wenn man für alle Transistoren näherungsweise eine
Drain-Source-Spannung von 5V annimmt, ergibt sich mit Gl. 4.4.4

$$I_{cs} \cdot 2 \cdot I_{D6}\,\lambda^2/(1 + \lambda 5V)^2 = g_{m1}\,g_{m6}\,/\,A_o \quad .$$

Daraus errechnet sich der Modellparameter $\lambda = 0,018827 \text{ V}^{-1}$.

Bestimmung von $(W/L)_{11}$ bzw. $(W/L)_{12}$ und $(W/L)_6$

Aus Gl. 4.4.3 folgt

$$(W/L)_{11} = (W/L)_{12} = (W/L)_1 = g_{m1}^2/(k_{pn}I_{cs}) = 11,28 \quad .$$

Mit der Minimallänge L=2,5 um für NMOS-Transistoren folgt W=28,19 um
Entsprechend gilt:

$$(W/L)_6 = g_{m6}^2/(2k_{pp}I_{D6}) = 29,61 \quad .$$

Mit der Minimallänge L=1,3 um für PMOS-Transistoren folgt W=38,49 um.
I_{D6} wurde 200 uA gewählt, damit $(W/L)_6$ nicht zu groß wird!

Bestimmung von $(W/L)_{31}$ bzw. $(W/L)_{32}$

Dazu berechnet man zunächst die Gate-Source-Spannung von M6. Aus Gl.
4.4.2 folgt nach entsprechender Auflösung:

$$\left|U_{GS6}\right| = 2,215 \text{ V} \quad .$$

Aus Bild 7.5.1 sieht man, daß im Arbeitspunkt gelten muß

$U_{GS3} = U_{GS6}$ und außerdem $U_{GS3} = U_{DS3}$.

Damit folgt aus Gl. 4.4.2, angewendet auf die Transistoren M31 und M32

$$(W/L)_{31} = (W/L)_{32} = (W/L)_3 = 3,109 \qquad .$$

Mit $L_3 = 1,3$ um ergibt sich $W_3 = 4,04$ um.

Bestimmung von $(W/L)_8$

M8 bekommt von außen aus Symmetriegründen die gleiche Gate-Source-Spannung wie M6 zugeführt (s. Bild 7.5.1). Es gilt also

$$V_{Bias} = U_{GS8} = |U_{GS6}| = 2,215 \text{ V} \quad .$$

Damit in M8 der gleiche Strom fließt wie in M6, muß nach Gl. 4.4.2 gelten

$$(W/L)_8 = k_{pp} (W/L)_6 / k_{pn} = 10,152$$

und damit $L_8 = 2,5$ um, $W_8 = 25,38$ um.

Bestimmung von $(W/L)_9$

Zur Bestimmung vun U_{DS9} wird zunächst $U_{GS11} = U_{GS12} = U_{GS1}$ berechnet. Aus Gl. 4.4.2 folgt bei Vernachlässigung der Kanallängenmodulation

$$U_{GS1} - V_{TO} = (I_{cs}/2) / ((k_{pn}/2)(W/L)_1)^{1/2} \qquad .$$

Daraus folgt $U_{GS1} = 1,518$ V   .

Da das Gate von M11 bzw. M12 im Arbeitspunkt auf Masse liegt, gilt

$$U_{DS9} = -V_{EE} - U_{GS1} = 5 \text{ V} - 1,518 \text{ V} = 3,482 \text{ V} \quad .$$

Mit $U_{GS9} = V_{Bias} = 2,215$ V folgt aus Gl. 4.4.2: $(W/L)_9 = 2,08$

und damit $L_9 = 2,5$ um, $W_9 = 5,21$ um.

7.5.5 Simulation des entworfenen CMOS-Operationsverstärkers mit SPICE

Bild 7.5.8   zeigt   das   SPICE-Programm   zur   Simulation   des   entworfenen
CMOS-Operationsverstärkers,   wobei die in Bild 7.5.1 gewählten Bezeichnungen
und Transistornamen übernommen wurden.

```
CMOS-OPERATIONSVERSTAERKER
.WIDTH OUT=80
M11 2 0 6 8 MODN L=2.5U W=28.19U
M12 3 4 6 8 MODN L=2.5U W=28.19U
M31 2 2 1 1 MODP L=1.3U W=4.04U
M32 3 2 1 1 MODP L=1.3U W=4.04U
M6 7 3 1 1 MODP L=1.3U W=38.49U
M8 7 5 8 8 MODN L=2.5U W=25.38U
M9 6 5 8 8 MODN L=2.5U W=5.21U
.MODEL MODN NMOS VTO=1.2 KP=35U TOX=40N LAMBDA=0.018827
.MODEL MODP PMOS VTO=-1.2 KP=12U TOX=40N LAMBDA=0.018827
VCC 1 0 5
VEE 8 0 -5
VIN 4 0 AC 1 PULSE(0 1)
VBIAS 5 8 2.215
CL 7 0 8P
CC 7 9 8P
RC 9 3 2.53K
.TF V(7) VIN
.DC VIN -0.5M 0.5M .025M
.PLOT DC V(7) (-5,5)
.AC DEC 7 10 1G
.PLOT AC VDB(7) (-80,80) VP(7) (-180,0)
.TRAN 100N 2U
.PLOT TRAN V(7)
.END
```

Bild 7.5.8 : Programm zur Simulation des CMOS-Operationsverstärkers
(R$_C$ korrigiert gemäß Bild 7.5.10: R$_C$ = 1/GM6 = 2,53 kOhm)

Folgende Analysen werden in Bild 7.5.8 verlangt:

a) die Berechnung der Gleichstrom-Übertragungs-Kennlinie U$_7$(V$_{in}$) durch .DC,

b) die Berechnung der Gleichstrom-Kleinsignalparameter durch .TF,

c) die Berechnung des Frequenzgangs der Kleinsignal-Wechselstrom-Verstärkung
   (open loop) nach Betrag und Phase durch .AC,

d) die Berechnung der Sprungantwort zur Bestimmung der "Slew Rate" durch
   .TRAN.

Bild 7.5.9 zeigt die von SPICE berechnete Gleichstromkennlinie U$_7$(V$_{in}$).   Für
eine Eingangsspannung von OV erhält man am Ausgang eine Offsetspannung von

13,50 mV.   Im linearen Bereich   kann man durch Differentiation eine Kleinsignal-Verstärkung von etwa 10000 abschätzen (ΔV_{in} = 500uV, $\Delta U_7 \approx 5$V). Der lineare Austeuerbereich liegt,   wie von den Schwellenspannungen zu erwarten, zwischen -3,8V und +3,8V.

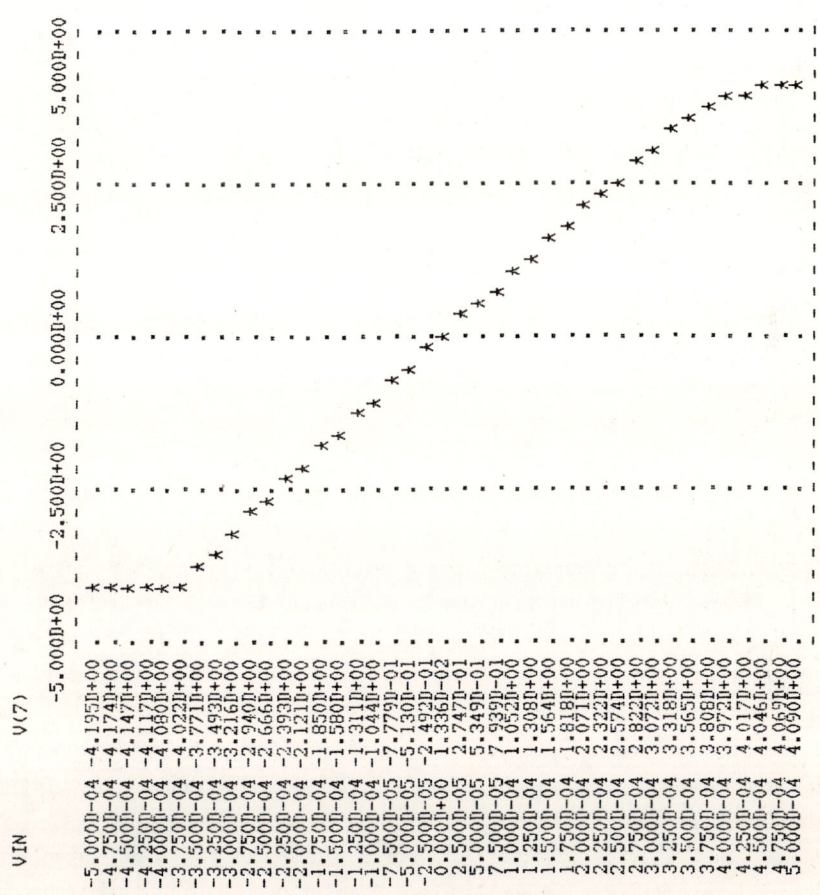

Bild 7.5.9 Gleichstrom-Übertragungskennlinie des CMOS-OP

Bild 7.5.10 zeigt das Ergebnis der Arbeitspunktanalyse,   die vor jeder Kleinsignal-Wechselstromanalyse durchgeführt wird, und die Gleichstrom-Kleinsignalparameter.   Die Verstärkung ergibt sich daraus zu 10480,   der Ausgangsinnenwiderstand zu 145,1 kOhm = 1/(GDS6 + GDS8). Die im Abschnitt 7.5.4 vorgegebenen Ströme und berechneten Spannungen werden sehr genau bestätigt.

	M11	M12	M31	M32	M6	M8	M9
MODEL	MODN	MODN	MODP	MODP	MODP	MODN	MODN
ID	2.00E-05	2.00E-05	-2.00E-05	-2.00E-05	-2.00E-04	2.00E-04	4.00E-05
VGS	1.506	1.506	-2.215	-2.215	-2.215	2.215	2.215
VDS	4.291	4.291	-2.215	-2.215	-4.986	5.014	3.494
VBS	-3.494	-3.494	0.000	0.000	0.000	0.000	0.000
VTH	1.200	1.200	-1.200	-1.200	-1.200	1.200	1.200
VDSAT	0.306	0.306	-1.015	-1.015	-1.015	1.015	1.015
GM	1.31E-04	1.31E-04	3.94E-05	3.94E-05	3.95E-04	3.95E-04	7.89E-05
GDS	3.49E-07	3.49E-07	3.62E-07	3.62E-07	3.45E-06	3.45E-06	7.07E-07
GMB	0.00E+00	0.00E+00	0.00E+00	0.00E+00	0.00E+00	0.00E+00	0.00E+00
CBD	0.00E+00	0.00E+00	0.00E+00	0.00E+00	0.00E+00	0.00E+00	0.00E+00
CBS	0.00E+00	0.00E+00	0.00E+00	0.00E+00	0.00E+00	0.00E+00	0.00E+00
CGSOVL	0.00E+00	0.00E+00	0.00E+00	0.00E+00	0.00E+00	0.00E+00	0.00E+00
CGDOVL	0.00E+00	0.00E+00	0.00E+00	0.00E+00	0.00E+00	0.00E+00	0.00E+00
CGBOVL	0.00E+00	0.00E+00	0.00E+00	0.00E+00	0.00E+00	0.00E+00	0.00E+00
CGS	4.06E-14	4.06E-14	3.02E-15	3.02E-15	2.88E-14	3.65E-14	7.50E-15
CGD	0.00E+00	0.00E+00	0.00E+00	0.00E+00	0.00E+00	0.00E+00	0.00E+00
CGB	0.00E+00	0.00E+00	0.00E+00	0.00E+00	0.00E+00	0.00E+00	0.00E+00

**** SMALL-SIGNAL CHARACTERISTICS

$$V(7)/VIN \qquad\qquad = 1.048D+04$$

$$INPUT\ RESISTANCE\ AT\ VIN \qquad = 1.000D+20$$

$$OUTPUT\ RESISTANCE\ AT\ V(7) \qquad = 1.451D+05$$

Bild 7.5.10 : Arbeitspunkt und Kleinsignalparameter des CMOS-OP

Bild 7.5.11 zeigt den Frequenzgang der Kleinsignalverstärkung nach Betrag und Phase. Bestätigt wird die Lage der 0-dB-Frequenz bei 2,5 MHz und die Lage des nicht-dominanten Pols bei $3f_{0dB}$. Es zeigt sich, daß die Phasendrehung bei f_{0dB} etwa -110° beträgt. Durch die Simulation der Sprungantwort wird noch die geforderte Slew Rate von 5V/us bestätigt, sodaß eine sehr befriedigende Übereinstimmung zwischen den Entwurfszielen und den Simulationsergebnissen bei Verwendung von Level-1-Modellen für die MOS-Transistoren festgestellt werden kann.

Im Rahmen des E.I.S.-Projekts /7.7/ wurde ein Layout für den entworfenen CMOS-Operationsverstärker erstellt und Simulationen unter Verwendung des semi-empirischen MOS-Transistormodells (level 3), sowie Berücksichtigung von Leitungswiderständen und -kapazitäten durchgeführt. Die Ergebnisse sind in /7.8/ dargestellt.

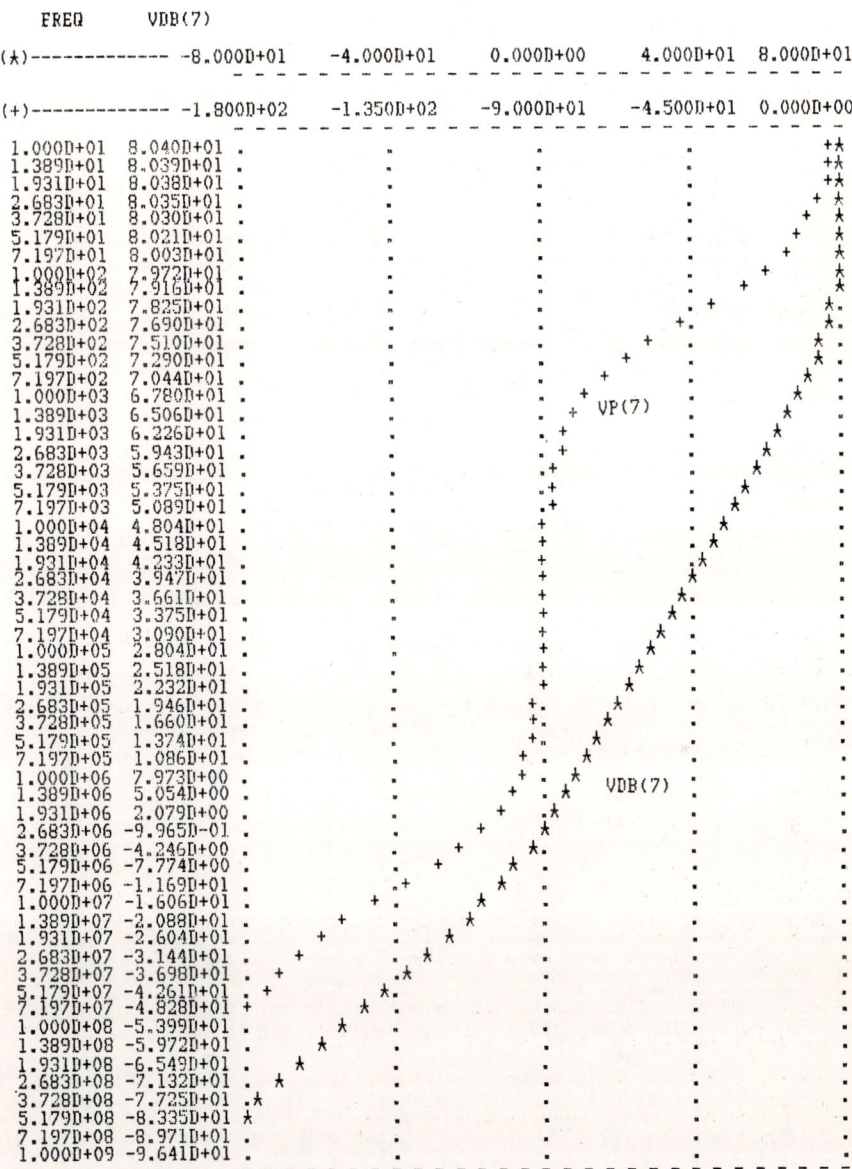

FREQ   VDB(7)

(*)------------- -8.000D+01   -4.000D+01   0.000D+00   4.000D+01 8.000D+01

(+)------------- -1.800D+02   -1.350D+02   -9.000D+01   -4.500D+01 0.000D+00

FREQ	VDB(7)
1.000D+01	8.040D+01
1.389D+01	8.039D+01
1.931D+01	8.038D+01
2.683D+01	8.035D+01
3.728D+01	8.030D+01
5.179D+01	8.021D+01
7.197D+01	8.003D+01
1.000D+02	7.972D+01
1.389D+02	7.916D+01
1.931D+02	7.825D+01
2.683D+02	7.690D+01
3.728D+02	7.510D+01
5.179D+02	7.290D+01
7.197D+02	7.044D+01
1.000D+03	6.780D+01
1.389D+03	6.506D+01
1.931D+03	6.226D+01
2.683D+03	5.943D+01
3.728D+03	5.659D+01
5.179D+03	5.375D+01
7.197D+03	5.089D+01
1.000D+04	4.804D+01
1.389D+04	4.518D+01
1.931D+04	4.233D+01
2.683D+04	3.947D+01
3.728D+04	3.661D+01
5.179D+04	3.375D+01
7.197D+04	3.090D+01
1.000D+05	2.804D+01
1.389D+05	2.518D+01
1.931D+05	2.232D+01
2.683D+05	1.946D+01
3.728D+05	1.660D+01
5.179D+05	1.374D+01
7.197D+05	1.086D+01
1.000D+06	7.973D+00
1.389D+06	5.054D+00
1.931D+06	2.079D+00
2.683D+06	-9.965D-01
3.728D+06	-4.246D+00
5.179D+06	-7.774D+00
7.197D+06	-1.169D+01
1.000D+07	-1.606D+01
1.389D+07	-2.088D+01
1.931D+07	-2.604D+01
2.683D+07	-3.144D+01
3.728D+07	-3.698D+01
5.179D+07	-4.261D+01
7.197D+07	-4.828D+01
1.000D+08	-5.399D+01
1.389D+08	-5.972D+01
1.931D+08	-6.549D+01
2.683D+08	-7.132D+01
3.728D+08	-7.725D+01
5.179D+08	-8.335D+01
7.197D+08	-8.971D+01
1.000D+09	-9.641D+01

VP(7)

VDB(7)

Bild 7.5.11 : Frequenzgang des CMOS-Operationsverstärkers

7.6 Aktiver RC-Bandpaß mit Operationsverstärkern

Vor dem schaltungstechnischen Aufbau eines Filters empfiehlt es sich, mittels SPICE den Entwurf auf Richtigkeit zu überprüfen und den Einfluß der realen, nicht idealen Bauelemente zu studieren.

Die Spezifikationen eines aktiven RC - Tschebyscheff - Bandpasses lauten:

<u>Durchlaßbereich</u> :

Verstärkung	20 dB
max. Verstärkungsschwankung	1 dB
obere Grenzfrequenz	110 Hz
untere Grenzfrequenz	90 Hz

<u>Sperrbereich</u> :

min. Sperrdämpfung	20 dB
obere Sperrgrenzfrequenz	120 Hz

Aus diesen Spezifikationen ergibt sich der nötige Bandpaßgrad n = 6 . Die durch TP-BP-Transformation /7.9/ der äquivalenten TP-Filterfunktion 3. Grades /7.10/ erhaltene BP-Funktion H(s) wird in das Produkt dreier quadratischer BP-Teilfunktionen zerlegt und durch Kaskadenschaltung dreier quadratischer BP-Grundschaltungen realisiert:

$$H(s) = V_2/V_0 = H_1(s)\ H_2(s)\ H_3(s) \quad .$$

Für die erste Grundschaltung mit der kleinsten Polgüte $Q_1 = 10$ wählen wir eine Schaltung mit einem Operationsverstärker /7.11/ . Ihre Übertragungsfunktion lautet (s ist die normierte komplexe Frequenz):

$$H_1(s) = V_5/V_0 = -1,2350\ s\ /\ (s^2 + 0.099298\ s + 1) \quad .$$

Die mittlere quadratische Bandpaßgrundschaltung mit der Polgüte $Q_2 = 20$ ist eine Biquadschaltung /7.12/ mit drei Operationsverstärkern; sie hat die Übertragungsfunktion:

$$H_2(s) = V_9/V_5 = 0,10664\ s\ /\ (s^2 + 0,05445\ s + 1,214) \quad .$$

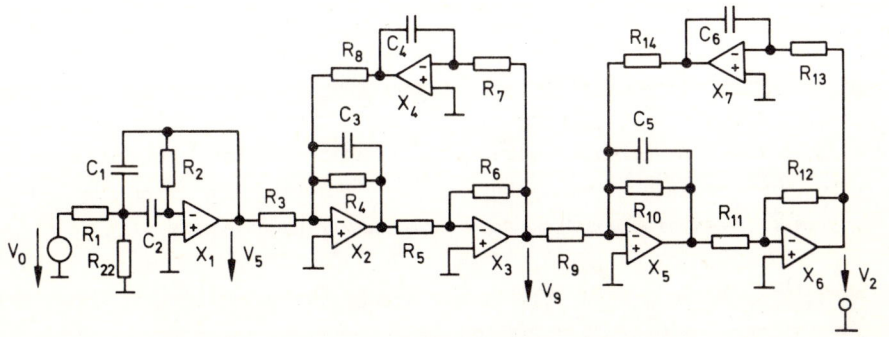

<u>Bild 7.6.1</u> : Schaltung des aktiven RC-Bandpasses

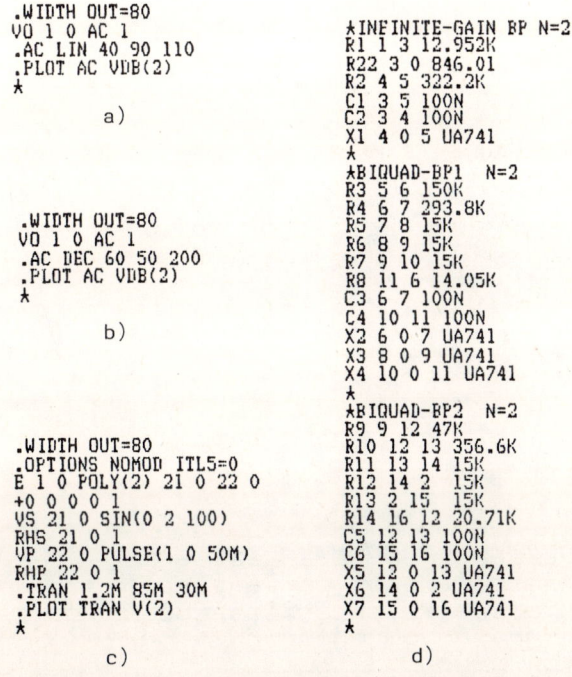

```
.WIDTH OUT=80
VO 1 0 AC 1
.AC LIN 40 90 110
.PLOT AC VDB(2)
*

        a)




.WIDTH OUT=80
VO 1 0 AC 1
.AC DEC 60 50 200
.PLOT AC VDB(2)
*

        b)




.WIDTH OUT=80
.OPTIONS NOMOD ITL5=0
E 1 0 POLY(2) 21 0 22 0
+0 0 0 0 1
VS 21 0 SIN(0 2 100)
RHS 21 0 1
VP 22 0 PULSE(1 0 50M)
RHP 22 0 1
.TRAN 1.2M 85M 30M
.PLOT TRAN V(2)
*
        c)
```

```
*INFINITE-GAIN BP N=2
R1 1 3 12.952K
R22 3 0 846.01
R2 4 5 322.2K
C1 3 5 100N
C2 3 4 100N
X1 4 0 5 UA741
*
*BIQUAD-BP1   N=2
R3 5 6 150K
R4 6 7 293.8K
R5 7 8 15K
R6 8 9 15K
R7 9 10 15K
R8 11 6 14.05K
C3 6 7 100N
C4 10 11 100N
X2 6 0 7 UA741
X3 8 0 9 UA741
X4 10 0 11 UA741
*
*BIQUAD-BP2   N=2
R9 9 12 47K
R10 12 13 356.6K
R11 13 14 15K
R12 14 2 15K
R13 2 15 15K
R14 16 12 20.71K
C5 12 13 100N
C6 15 16 100N
X5 12 0 13 UA741
X6 14 0 2 UA741
X7 15 0 16 UA741
*
        d)
```

<u>Bild 7.6.2</u> : SPICE-Anweisungen des aktiven RC-Bandpasses.   a) AC-Analyse im Durchlaßbereich (Ergebnisse siehe Bild 7.6.3), b) AC-Analyse im Sperrbereich (Ergebnisse siehe Bild 7.6.4), c) Großsignal-Einschwinganalyse (Ergebnisse in Bild 7.6.5), d) Filterschaltung. Die Anweisungen des Operationsverstärkers werden als Teilschaltung uA741 aus Bild 5.2 (Makromodell) oder Bild 5.4 (Devicemodell) übernommen.

Die Bandpaßgrundschaltung am Ausgang mit Q_3 = 20 ist ebenfalls eine Biquad-schaltung /7.12/ :

$$H_3(s) = V_2/V_9 = 0,34033 \text{ s} / (s^2 + 0,04485 \text{ s} + 0,8237) \quad .$$

Die zunächst noch freien Proportionalitätsfaktoren der drei Grundschaltungen wurden für maximale Dynamik bei 20 dB Durchlaßverstärkung optimiert. Bild 7.6.1 zeigt die Schaltung des kompletten RC-Bandpasses.

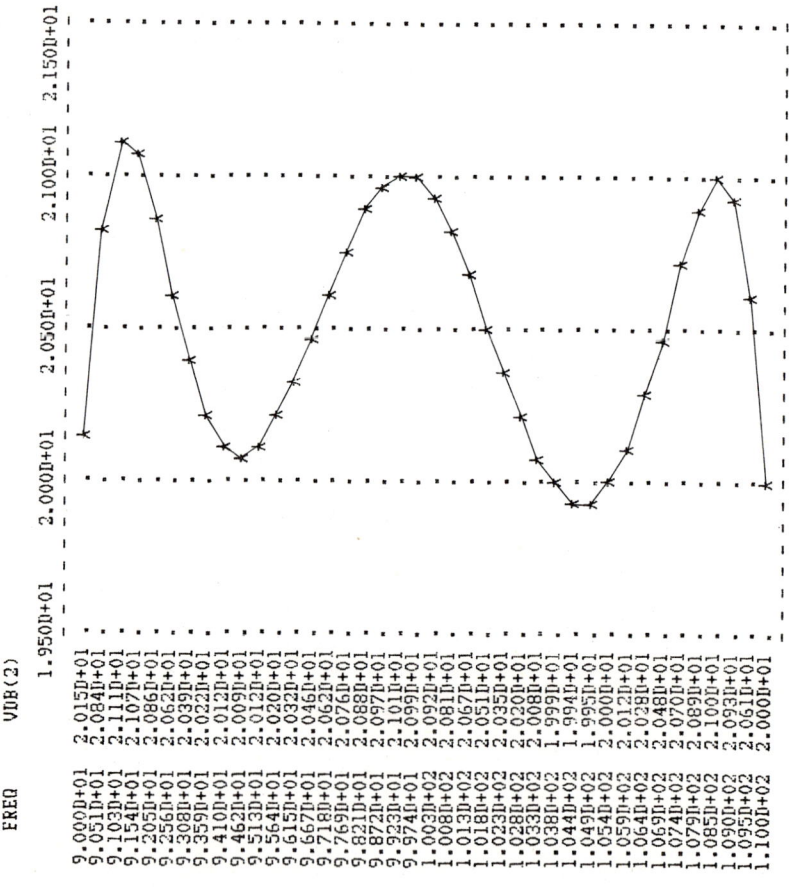

Bild 7.6.3 : Verstärkung in dB des Bandpasses als Funktion der Frequenz
im Durchlaßbereich

Zunächst wurde die Schaltung mit quasi-idealen Operationsverstärkern, spannungsgesteuerten Spannungsquellen mit 120 dB Leerlaufverstärkung, simuliert.   Das Ergebnis bestätigte die Richtigkeit der Dimensionierungen. Um den Einfluß der realen Operationsverstärker zu kontrollieren, wurden dann die spannungsgesteuerten Spannungsquellen durch Makro- bzw. Devicemodelle des Typs uA741 (siehe Kap. 5.2) ersetzt.   Programm und Ergebnisse der AC-Analyse zeigen die Bilder 7.6.2, 7.6.3 und 7.6.4 .   Man erkennt aus Bild 7.6.3, daß reale Operationsverstärker zu einer leichten Unsymmetrie im Durchlaßbereich führen.   Im übrigen zeigen die Ergebnisausdrucke, daß die Spezifikationen von dem Filter erfüllt werden.

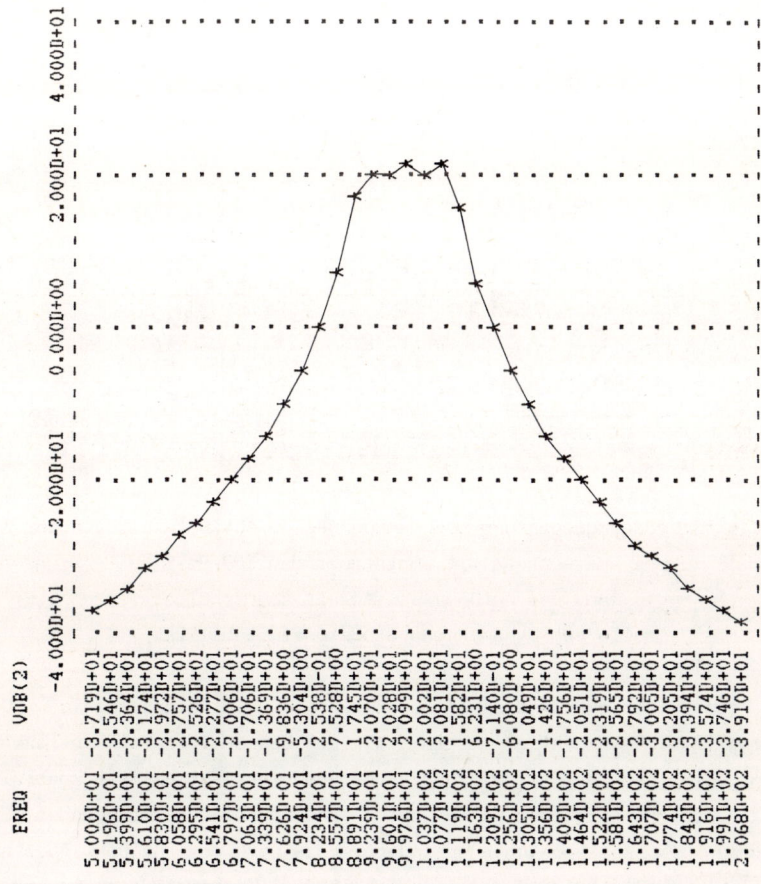

<u>Bild 7.6.4</u> : Verstärkung in db des Bandpasses als Funktion der Frequenz
         im Durchlaß- und Sperrbereich

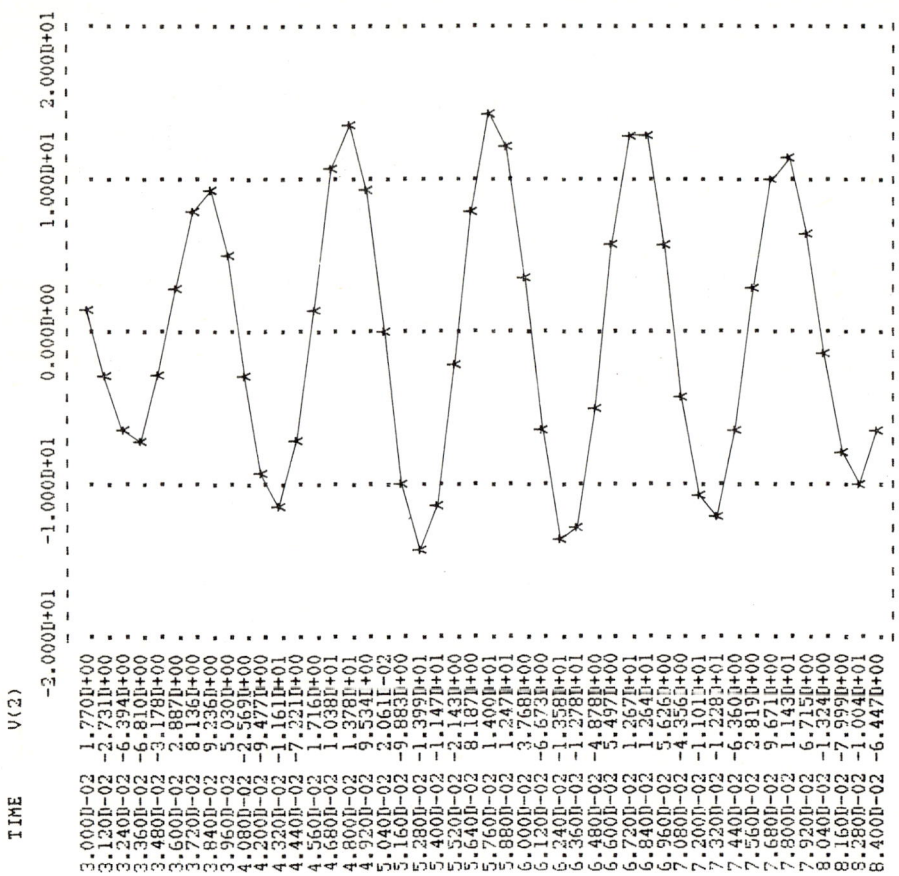

Bild 7.6.5 : Ausgangsspannung des Bandpasses in Abhängigkeit von der Zeit
bei Ansteuerung mit übersteuernden 100-Hz-Sinusschwingungen,
die nach der halben Analysezeit abgeschaltet werden, zur Kontrolle von Dynamik und Großsignal-Stabilität.

Nachdem die Richtigkeit des Filterentwurfs im Kleinsignalbereich (Bilder
7.6.3 und 7.6.4) bestätigt worden ist, muß bei aktiven Filtern auch das
Großsignalverhalten bezüglich Dynamik und Großsignal-Stabilität kontrolliert
werden. Hierzu wird das Filter durch eine Gruppe übersteuernder Sinusschwingungen im Zeitbereich angesteuert, die nach der halben Analysezeit
abgeschaltet werden (Bild 7.6.2c). Erreicht die maximale Ausgangsamplitude
des Einschwingvorgangs (Bild 7.6.5) die Größenordnung der Batteriespannung,
so ist das Filter Dynamik-optimiert (hier $V(2)_{max}= 14V$ bei $V_{CC}= 15V$); klingt

198

nach Abschalten der Sinusgruppe auch die Ausgangsspannung wieder ab, ist das Filter auch Großsignal-stabil.   Letzterer Test sollte mit dem originalen Devicemodell des Operationsverstärkers (siehe Bild 5.4) erfolgen, um auch die Spannungsabhängigkeit der Sperrschichtkapazitäten der PN-Übergänge mit zu erfassen. Die Rechenzeit für das Filter mit dem uA741-Devicemodell ist mehr als dreimal so groß wie für das Filter mit dem Makromodell.

Eine Empfindlichkeitsanalyse des Filters läßt sich durch Variation der Elementwerte mittels der .ALTER - Anweisung (siehe Kap. 3.8) und/oder durch Spezifikation temperaturabhängiger Elemente und der Temperaturanalyse (siehe Kap. 3.7) durchführen.

7.7 Colpitts - Oszillator

Reale Oszillatoren werden durch den Spannungsstoß beim Einschalten der Batteriespannung oder durch die inneren Rauschquellen der Schaltung zu exponentiell anklingenden Schwingungen angeregt. Dies läßt sich auch mit SPICE simulieren, wenn man das Einschalten der Batteriespannung durch eine PULSE - Quelle simuliert oder die inneren Rauschquellen durch das "numerische Rauschen" bei der Einschwinganalyse ersetzt. Eine weitere Methode, um gezielt rasches Anschwingen einer Oszillatorschaltung mit SPICE zu erreichen, besteht darin, die Schaltung mit einer Nadelimpulsquelle anzusteuern. Analytisch gewinnt man nämlich die Antwort auf einen Nadelimpuls im Zeitbereich mit Hilfe der Laplace - Transformation durch Rücktransformation der entsprechenden komplexen Übertragungsfunktion in den Zeitbereich. Die Übertragungsfunktionen instabiler Systeme, zu denen die Oszillatoren in der Anschwingphase gehören, besitzen Pole in der rechten komplexen Frequenzhalbebene, und ihre Rücktransformation ergibt die in der Praxis beobachteten exponentiell anklingenden Sinusschwingungen im Zeitbereich, bis durch Nichtlinearitäten der Schaltung Amplitudenbegrenzung einsetzt. Die Ansteuerung der Schaltung mit einer Nadelimpulsquelle muß so geschehen, daß nach Abklingen des Nadelimpulses, wenn also der Quellenwert Null ist, die Schaltung sich in ihrer ursprünglichen Konfiguration befindet. Da eine Spannungsquelle mit dem Wert Null wie ein Kurzschluß wirkt, und da eine Stromquelle mit dem Wert Null wie ein Leerlauf wirkt, muß eine Nadelimpuls-Spannungsquelle in Serie zu, oder eine Nadelimpuls-Stromquelle parallel zu einem Schaltelement des Oszillators geschaltet werden. In der Colpitts - Oszillatorschaltung in Bild 7.7.1 wird eine Nadelimpulsstromquelle I_0 parallel zum Emitterwiderstand R_E geschaltet.

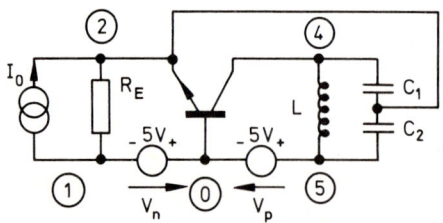

Bild 7.7.1 :
Colpitts - Oszillator mit
Nadelimpulsquelle I_0

Der Nadelimpuls hat die in Bild 7.7.2 gezeigte Zeitabhängigkeit.

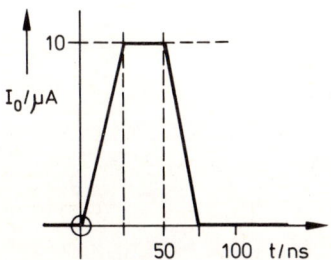

$$IO \quad 1 \quad 2 \quad PULSE \ (\ \emptyset \quad 1\emptyset UA \quad \emptyset \quad \emptyset \quad \emptyset \quad 25NS \ )$$

Bild 7.7.2 : Zeitabhängigkeit und Elementanweisung
der Nadelimpuls-Stromquelle

Der Emitter-Ruhestrcm I_E im Anschwingmoment wird mit R_E eingestellt:

$$U_{BE} = 5V + R_E \ I_E \quad \text{ergibt}$$

$$-I_E = (5V - U_{BE}) \ / \ R_E = (5V - 0,791V) \ / \ 2,2kOhm = 1,91mA \quad .$$

Damit ist die Anschwingsteilheit des Transistors

$$g_m = I_C \ / \ U_T = 1,89mA \ / \ 26mV = 73mS \quad .$$

Die Anschwingbedingung des Oszillators lautet:

$$C_1/C_2 < g_m \ / \ (1/R_E + g_m/B_F) = 73 \ / \ (1/2,2 + 73/100) = 62$$

und mit $C_2 = 100pF$: $C_1 < 6,2nF$.

```
COLPITTS-OSZILLATOR
.WIDTH OUT=80
RE 1 2 2.2K
VN 1 0  -5
VP 5 0   5
L 4 5 5U
C1 4 2 2N
C2 2 5 100P
IO 1 2 PULSE 0 10UA 0 0 0 25NS
Q 4 0 2 T
.MODEL T NPN RB=100
.TRAN 25N 1U
.PLOT TRAN V(4,5)
.END
```

Bild 7.7.3 :

Programm zur Anschwinganalyse

des Colpitts - Oszillators

Für eine sichere Anschwingreserve wurde C_1 = 2nF gewählt. Bild 7.7.4 zeigt das Anschwingen des Oszillators mit einer Frequenz f = 1/T = 7,1 MHz $\pm$ 5% . Der theoretische Wert an der Stabilitätsgrenze ist

$$f = (\ (C_1 + C_2)/(LC_1C_2)\ )^{1/2}\ /\ 2\pi\ =\ 7,29\ \text{MHz}\ \ .$$

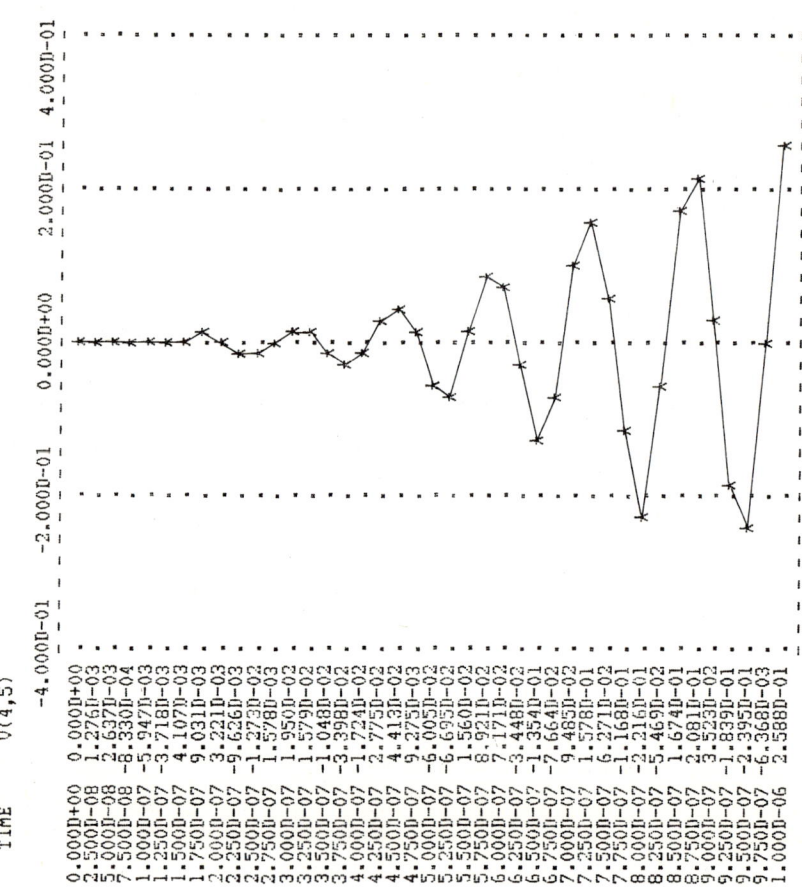

<u>Bild 7.7.4</u> : Anschwingen des Colpitts - Oszillators

8 Bezugsquellen und Literaturhinweise

Die jeweils neueste SPICE - Version für Computer von Burroughs, CDC, DEC, Honeywell, IBM, Sperry und Prime wird kostenlos abgegeben. Nähere Einzelheiten sind einem Informationsblatt /8.1/ der Berkeley - Universität in Kalifornien zu entnehmen. Diese Liste enthält auch die Titel einiger Druckschriften über SPICE, die von der Universität Berkeley bezogen werden können. Informationen über SPICE - Versionen für andere Computer gibt die SPICE Users Group /8.2/. Auch ein unregelmäßig erscheinender Rundbrief /8.3/ wird von der Gruppe herausgegeben, der als Forum für SPICE - Benutzer dienen soll. Weiterhin gibt es eine Reihe überarbeiteter SPICE - Versionen, die teilweise kommmerziell vertrieben werden:

USPICE /8.4/ erlaubt zusätzlich die Berechnung von Laufzeiten zwischen einzelnen Schaltungsknoten /8.95/, die Einrichtung einer Benutzer - Modellbibliothek und die Überprüfung der Eingabedaten auf zulässige Wertebereiche.

PSPICE /8.5/ ist eine SPICE - Version, die auf dem IBM PC mit 512 kB, Gleitkomma - Coprozessor und MSDOS-2 lauffähig ist. Es erlaubt dem Benutzer zusätzlich, die Modellgleichungen der Halbleiterelemente zu ändern und sowohl für die passiven Schaltelemente als auch für die Halbleiterelemente eigene Modelle mit eigenen Modellgleichungen zu definieren.

I-G SPICE /8.6,7,8/ ist eine interaktive Grafikversion. Es enthält u.a. zusätzlich eine Modellbibliothek von 200 Halbleiterelementen, Benutzer - definierbare nichtlineare Modelle, Makromodelle digitaler ICs, Monte Carlo-, Worst Case- und Optimierungsroutinen.

HP-SPICE /8.9/ ist eine modularisierte SPICE - Version, bei der Programmänderungen durch den Benutzer wesentlich vereinfacht werden. Ebenfalls benutzerfreunlicher ist SPICE-PAC /8.10/. Das ISEAS - Programmpaket /8.11/ erzeugt automatisch aus dem eingegebenen Schaltbild die Eingabeanweisungen für eine SPICE - Analyse. M-SPICE /8.12,13/ ist eine interaktive Grafikversion als Teil eines CAD - Systems für integrierte Schaltungen. Ähnlichen Zwecken dient DELIGHT-SPICE /8.14/ mit effektiven Optimierungsroutinen. SPICE dient als Schaltungssimulator in den Entwicklungssystemen für integrierte Logikschaltungen MICAD /8.15/ (Gate Arrays) und LDS I /8.16/ (Logic Arrays) sowie bei /8.17/ (MOS - Schaltungen), /8.18/

(VLSI - MOS - Zellen), /8.19/ (VLSI - MOS - Minizellen) und /8.93/ (Kundenspezifische Schaltkreise). /8.99/ beschreibt ein automatisches Testsystem für MOS - Schaltungen. Es werden die Testchips erläutert, mit denen alle SPICE - LEVEL 2 - Parameter gemessen und überwacht werden. Die Testsequenz liefert automatisch eine Liste der SPICE - Parameter. Stößt man bei sehr großen Schaltungen an die Grenzen von SPICE /8.20/, so bieten sich dann Simulatoren der dritten Generation, z.B. SPLICE /8.21/, an.

In den folgenden Abschnitten werden weiterführende Literaturstellen angegeben, die sich mit der Verbesserung und Anwendung von SPICE beschäftigen. In /8.22/ wird eine Methode zur Bestimmung der statischen SPICE - Parameter von Feldeffekttransistoren (FETs) angegeben. /8.23/ enthält ein SPICE - Modell für Ionen - implantierte JFETs. Mit Hilfe von SPICE wird in /8.24/ ein theoretisches Modell des MISFETs bestätigt. Verbesserte MOSFET - Modelle werden in /8.25/ (Ladungserhaltung), /8.26/ (Subthreshold), /8.27,97/ (Verarmungstyp), /8.28/ (N-Well CMOS), /8.29/ (Ladungserhaltung), /8.30/ (Short Channel) und /8.67/ (0,5 um - Gate) angegeben. Mit der Bestimmung der Parameter des MOS - Modells beschäftigen sich /8.31/ (statisch), /8.32/ (Levenberg - Marquardt - Algorithmus) und /8.33/ (Modell LEVEL 3). /8.34,100/ untersucht mit Hilfe von SPICE den Einfluß der aus Teststrukturen gewonnenen Modellparameter auf das dynamische Verhalten der Schaltung auf dem gleichen Chip. /8.35/ untersucht mit SPICE den Einfluß der RC - Verbindungsleitungen von CMOS- und NMOS - Schaltungen auf die Schaltgeschwindigkeit. Mit SPICE simuliert /8.36/ Laufzeiten und Rauschgrenzen von CMOS - Polyzellen - Strukturen. In /8.37/ werden die Ergebnisse der SPICE - Simulation einer statischen CMOS - RAM - Zelle für ternäre Logik mitgeteilt. In /8.38/ werden mittels SPICE metastabile Zustände und die Schaltgeschwindigkeit von NMOS - Flip - Flops bei asynchroner Ansteuerung untersucht. In /8.39,40,41/ werden SPICE - Modelle für GaAs - MESFETs angegeben. /8.42/ enthält die Ergebnisse der SPICE - Simulation von Schaltungen für fünfwertige Logik mit GaAs - MESFETs. In /8.43/ wird eine Monte Carlo - Analyse der Ausbeute von GaAs - Schaltungen mit SPICE durchgeführt. /8.44,45,46/ beschreiben Modifikationen des SPICE - Modells für Leistungs - MOSFETs.

Mit verbesserten Simulationsmodellen für Bipolartransistoren beschäftigen sich /8.47/, /8.48/ (quasi - dreidimensional), /8.49/ (-40 bis +150 $^{\circ}$C) und /8.101/ (Lawinendurchbruch). In /8.50/ wird gezeigt, wie man einige Modellparameter von Diode und Bipolartransistor aus Datenblattangaben bestimmen kann. In /8.51/ wird ein Softwarepaket für VLSI - Bipolarschaltungen vorgestellt, das aus Maskengeometrie und Diffusionsprofilen die SPICE - Transistorparameter berechnet. Auch in /8.52/ und /8.96/ wird auf den Zusammenhang zwischen Prozeßparametern und Modellparametern bipolarer Transistoren und integrierter Schaltungen eingegangen. Die Verbesserung der SPICE - Modelle von bipolaren Leistungstransistoren behandeln /8.52/, /8.53,54/, /8.55/ und /8.56/. Über die SPICE - Modellierung von bipolaren Mikrowellentransistoren berichten /8.57/ (Bestimmung der Modellparameter aus Gleich- und Wechselstrommessungen) und /8.58/ (C - Betrieb). Modelle für bipolare ICSL - Schaltungen werden in /8.59/ und für den I_2L - Prozeß in /8.60/ vorgestellt. /8.91/ berechnet mittels SPICE die Zuverlässigkeit elektronischer Schaltungen. Auch statistische Schaltungssimulationen werden mit SPICE durchgeführt /8.19,43,92/.

Einige Autoren beschäftigen sich mit der Simulation von Schalter - Kondensator - Filtern (SC - Filtern) /8.61/. In /8.62,63/ wird gezeigt, wie SC - Strukturen durch analoge Zweitore ersetzt werden können, die eine SPICE - Analyse des SC - Filters bis zur halben Schaltfrequenz ermöglichen. Das Rauschverhalten von SC - Filtern wird in /8.64/ mittels SPICE analysiert (Operationsverstärker- und Schalterkondensator - Rauschen). NELIN berichtet in /8.65/, wie die äquivalente Z - Bereichs - Schaltung im kontinuierlichen Zeitbereich exakt mittels verlustloser Leitungselemente modelliert werden kann, sodaß SPICE - Analysen dann keiner Frequenzbegrenzung mehr unterliegen. Die SPICE - Simulation der Schalterfehlerspannung wird in /8.66/ geschildert.

Bei linearen Verstärkern dient SPICE der Simulation spezieller Effekte: /8.26/ beschreibt die Simulation eines MOSFET - Mikroleistungsverstärkers. /8.68/ untersucht den Einfluß der hochfrequenten Störungen auf den Operationsverstärker 741. In /8.69/ werden die Einschwing - Intermodulations - Verzerrungen (transient intermodulation distortion TIMD) monolithischer Audioverstärker mit SPICE analysiert. /8.70/ studiert mittels SPICE das Großsignalverhalten von linearen GaAs - Kettenverstärkern im Bereich von 0.3 bis 12 GHz. Der Entwurf einer IC - Stromquelle mit kleinem Temperaturkoeffizienten wird in /8.71/ mittels SPICE bestätigt. Die Fourieranalyse von Diodenmischern mittels SPICE wird in /8.72/ beschrieben.

Auch in der Leistungselektronik ist SPICE ein interessantes Hilfsmittel, Untersuchungen an Komponenten und Systemen zunächst risikolos zu simulieren. SPICE - Thyristormodelle werden in /8.73,74/ vorgestellt. Transformatoren mit Sättigung werden in /2.1/ beschrieben. Die SPICE - Simulation von Schaltregler - Netzteilen ist bei /8.75/ zu finden. Schalter - DC - DC - Leistungskonverter werden in /8.76/ simuliert. /8.53/ behandelt die Simulation von Leistungs - Transistorinvertern. Schließlich werden in /8.98/ Überspannungs - Einschwingvorgänge bei 3 - Phasen - Drehstrom - Leistungsnetzen untersucht (200 kV, 20 A). SPICE - Modelle für synchrone und asynchrone Wechselstrommaschinen werden in /8.77/ und für Elektromotoren in /8.78/ angegeben. In /8.85/ wird ein Modul für elektronische Zündung mit SPICE simuliert. Der Einfluß von Parameterschwankungen einzelner Solarzellen in Solarbatterien wird mittels SPICE bei /8.79,80/ untersucht. /8.81/ simuliert Infrarotdetektor - Vorverstärker. Auch der Einfluß von Korpuskularstrahlung auf statische CMOS - RAMs /8.82/, integrierte Schottky - Logikschaltungen /8.83/, dynamische MOS - RAMs /8.84/ und bipolare Transistoren /8.47/ wird mit SPICE untersucht. Sogar Probleme des Fusionsreaktors werden mit SPICE gelöst /8.86/ (ohmsches Erhitzungssystem), /8.87/ (magnetische Störungen).

Auch nichtelektrische Probleme lassen sich mit SPICE analysieren, wenn es gelingt, hierfür analoge elektrische Modellschaltungen zu finden /8.94/. So wurden bereits Wärmeflußprobleme bei Halbleiterchips mit SPICE simuliert /8.88,89/. In der medizinischen Forschung werden dynamische physiologische Systeme mittels Netzwerk - Thermodynamik modelliert und mit SPICE simuliert /8.90/.

9 Literaturverzeichnis

/0.1/   Krauß, G. et al.: Digitalrechner simuliert Schaltungen in der
        Ingenieurausbildung / Elektronik. Elektronik 22 (1973) 185-190.

/0.2/   Nielinger, H.: Netzwerkanalyse im simulierten Labor.
        NTZ 28 (1975) K364-K368.

/0.3/   Hoefer, E.E.E.: Benutzeranleitung für SPICE 1.
        3. Aufl. Furtwangen 1979.

/1.1/   Renk, K.D.; Steinkopf, U.: Programme zur Analyse elektrischer Schal-
        tungen-eine vergleichende Übersicht. NTZ 26 (1973) K37-K43.

/1.2/   Nagel, L.W.; Pederson, D.O.: SPICE. Berkeley, University of Califor-
        nia, Electronic Research Laboratory. ERL - M 382, 1973.

/1.3/   Nagel, L.W.: SPICE2: A computer program to simulate semiconductor
        circuits. Berkeley, University of California, Electronic Research
        Laboratory. ERL - M 520, 1975.

/1.4/   s./8.5/

/1.5/   Calahan, D.A.: Rechnergestützter Schaltungsentwurf. München 1973.

/2.1/   Rumsey, D.L.: A saturating transformer model for SPICE. Proc. 15th
        Intersoc. Energy Conver. Eng. Conf. New York, AIAA, 1980, S.95-99.

/2.2/   Desoer, C.A.; Kuh, E.S.: Basic circuit theory. New York 1969, S.347.

/3.1/   Kuo, Y.L.: Distortion analysis of bipolar transistor circuits.
        IEEE Trans. CT-20 (1973) 709-717.

/3.2/   Chisholm, S.H.; Nagel, L.W.: Efficient computer simulation of dis-
        tortion in electronic circuits. IEEE Trans. CT-20 (1973) 742-745.

/3.3/   Narayanan, S.: Transistor distortion analysis using Volterra series
        representation. Bell Syst. Techn. J. 46 (1967) Mai-Juni.

/3.4/   Director, S.W.; Rohrer, R.A.: The generalized adjoint network and
        network sensitivities. IEEE Trans. CT-16 (1969) 318-323.

/3.5/   Rohrer, R.A. et al.: Computationally efficient electronic noise cal-
        culations. IEEE J. Solid-State Circ., SC-6 (1971) 204-213.

/3.6/   Meyer, R.G. et al.: Computer simulation of 1/f noise performance of
        electronic circuits. IEEE J. Solid-State Circ., SC-8 (1973) 273-240.

/4.1/   Vladimirescu, A.; Liu, S.: The simulation of MOS integrated circuits
        using SPICE 2. Berkeley, University of California, Electronic
        Research Laboratory. ERL M80/7, 1980.

/4.2/   Weil, P.: Companion networks for advanced transistor model.
        Los Angeles, University of California, Computer Science Dept.,
        PhD Dissertation. 1976.

/4.3/   Gummel, H.K.; Poon, H.C.: An integral charge control model for bipo-
        lar transistors. Bell Syst. Techn. J. 49 (1970) 827-852.

/4.4/   Ebers, J.J.; Moll, J.L.: Large signal behavior of junction transi-
        stors. Proc. IRE 42 (1954) 1761-1772.

/4.5/   Neudeck, G.W.: The pn junction diode.
        Reading 1983. ISBN 0 201 05321 7. Kap.4.2 .

/4.6/   Neudeck, G.W.: The bipolar junction transistor.
        Reading 1983. ISBN 0 201 05322 5. Kap. 3.4 .

/4.7/   Shichman, H.; Hodges, D.A.: Modeling and simulation of Insulated-
        Gate Field-Effect Transistor switching circuits.
        IEEE J. SSC. SC-3 (1968) 285-289.

/5.1/   Boyle, G.R. et al.: Macromodeling of integrated circuit operational
        amplifiers. IEEE J. SSC. SC-9 (1974) 353-363.

/5.2/   Nielinger, H.: Ein begleitendes simuliertes Labor zu einer Vorlesung
        "Elektronische Grundschaltungen" unter Verwendung von Makro-Modellen
        für Operationsverstärker. Beiträge zur Hochschuldidaktik der Fach-
        hochschulausbildung. Report 11. Furtwangen, Karlsruhe 1978.

/6.1/   Gear, C.W.: Numerical integration of stiff ordinary equations.
        Urbana - Champaign, University of Illinois. Report 221 (1967) Jan.

/6.2/   Ralston, A.: A first course in numerical analysis.
        New York 1965. S.408-411.

/7.1/   Bopp, A.: Grundschaltungen der Analogelektonik.
        Stuttgart 1979. ISBN 3 408 53521 3. Kap.7.3 .

/7.2/   Steinbuch, K.; Rupprecht, W.: Nachrichtentechnik. Berlin 1967.

/7.3/   Reiß, K.: Integrierte Digitalbausteine. München 1970 ,Kap.8.

/7.4/   Nielinger, H.: Die graphische Behandlung der Überkopplung von
        Impulsen zwischen zwei parallelen Leitungen. NTZ 25 (1972) 79-85.

/7.5/   Tietze, U.; Schenk, Ch.: Halbleiter-Schaltungstechnik.
        5. Aufl. Berlin 1980. ISBN 3 540 09848 8. Kap.8.

/7.6/ McCreary, J.: Design of Bipolar and MOS-Cicuits.
Berlin 1983. ISBN 3 8007 1330 6.

/7.7/ Hörbst, E. et al.: Entwicklung von kundenspezifischen Bausteinen.
Elektronik 33 (1984) 65-69.

/7.8/ Nielinger, H.; Roubitschek, P.: Moderne Ingenieurausbildung in
Mikroelektronik: Entwurf, Simulation und Layout eines CMOS-Operationsverstärkers. GMD-Studie Nr.94, St.Augustin 1984, S.311-329.

/7.9/ Tow, J.: A step-by-step active -filter design.
IEEE Spectrum 6 (1969) Dez., S.64-68.

/7.10/ Vahldiek, H.: Aktive RC-Filter.
München 1972. ISBN 3 486 39321 9. S.42.

/7.11/ Moschytz, G.S.: Active filter design handbook.
Chichester 1981. ISBN 0 471 27850 5. S.40-41.

/7.12/ Johnson, D.E. et al.: A handbook of active filters.
Englewood Cliffs 1980. ISBN 0 13 372409 3. S.106-107.

/8.1/ List of SPICE - related publications   kann bezogen werden von
EECS Industrial Support Office
Dep. of Electr. Engin. and Computer Sciences
University of California
Berkeley, CA 94720, USA.

/8.2/ SPICE Users Group   kann erreicht werden über
Mr. Morris Balamut
c/o Hughes Aircraft Company
Box 9399 - Bldg / MS C5 / 2016
Long Beach, CA 90810 - 0465, USA.

/8.3/ Balamut, M. (Herausg.): SPICE Rack. The Newsletter of the SPICE
Users Group. 3 (1983) Nr. 1.

/8.4/ USPICE   wird angeboten von
Unit Software & Consulting, Inc.
1969 E. Broadway Road, Suite 1
Tempe, Arizona 85282, USA.

/8.5/ PSPICE   wird in der BRD vertrieben von
Fa. THOMATRONIK
H. M. Müller
Arnulfstr. 4a
82 Rosenheim.

/8.6/ Pratt, C.A. et al.: Computer - aided circuit design and simulation.
Simulation (USA) 37 (1981) Nr.5, S.177-178.

/8.7/   Bowers, J.C.: I-G SPICE - **A** circuit designer´s dream.
          Powerconvers. Int. (USA) 9 (1983) Nr.6, S.36-40.

/8.8/   I-G SPICE   wird angeboten von
                        AB Associates, Inc.
                        P.O. Box 82 215
                        Tampa, FL 33 682, USA.

/8.9/   Yuan, Y.-C. et al.: MODULAR-SPICE - **A** modular circuit simulation
          program. IEEE Int. Conf. on CAD. Digest of Techn. Papers.
          New York 1983. ISBN 0 8186 0518 9. S.250-251.

/8.10/   Zuberek, W.M.: SPICE-PAC - **A** package of subroutines for circuit
          simulation and optimization. Proc. 26th Midwest Symp. on Circuits
          and Systems. North Hollywood 1983, S.484-488.

/8.11/   Soma, M. et al.: Interactive schematic entry for circuit design and
          simulation. Proc. 2nd Annual Workshop Interact. Comp.: CAD/CAM.
          Silver Spring (USA) 1983. ISBN 0 8186 0521 9. S.71-74.

/8.12/   Bartel, R.: Analog simulator interacts with circuit designers.
          Electronic Des. 31 (1983) Nr.19, S.135-140.

/8.13/   Krisam, P.: Circuit development and simulation.
          Elektron. Ind. 14 (1983) Nr.10, S.28-30.

/8.14/   Nye, B. et al.: DELIGHT.SPICE: An optimization - based system for
          the design of integrated circuits.
          IEEE 1983 Custom Integr. Circ. Conf. New York 1983. S.233-238.

/8.15/   Rathmann, R.: Gate array design for a stand alone development
          system. Elektron. Ind. 14 (1983) Nr.7-8, S.51-53.

/8.16/   Koford, J.S. et al.: **A** development system for logic arrays.
          MIDCON/81 Conf. Rec. El Segundo (CA, USA) 1981. S.5/3/1-9.

/8.17/   Yamaguchi, K. et al.: Experimentation with integrated process,
          device and circuit simulators. Trans. Inst. Electron. and Commun.
          Eng. Jpn. Part C. J66C (1983) 1124-1131.

/8.18/   Schmidt, K.H. et al.: **A** new method of VLSI conform design for MOS
          cells. Siemens Forsch.- u. Entw.ber. 12 (1983) Nr.4, S.225-231.

/8.19/   Strojwas, A.J. et al.: Optimal design of VLSI minicells using a sta-
          tistical process simulator. 1983 IEEE International Symposium on
          Circuits and Systems. New York 1983. Bd.1, S.202-205.

/8.20/   Sangiovanni - Vincentelli, A.L. et al.: Circuit simulation.
          Alphen aan den Rijn 1981. ISBN 90 286 2701 4. S.19-112.

/8.21/   Hachtel, G.D. et al.: **A** survey of third - generation simulation
          techniques. Proc. IEEE 69 (1981) 1264-1280.

/8.22/ Destine, J.: Estimation of static parameters of a model of FET: By
        an optimisation method. Rev. HF (Belgien) 12 (1982) 45-54.
/8.23/ Sansen, W.M.C. et al.: A simple model of ion - implanted JFETs valid
        in both the quadratic and the subthreshold regions.
        IEEE J. Solid - State Circuits. SC-17 (1982) 658-666.
/8.24/ Voorthuyzen, J.A. et al.: The consequences of the application of a
        floating gate on DC - MISFET characteristics.
        Solid - State Electron. (GB) 27 (1984) 311-315.
/8.25/ Yang, P. et al.: An investigation of the charge conservation problem
        for MOSFET circuit simulation. IEEE J. SSC. SC-18 (1983) 128-138.
/8.26/ Antognetti, P. et al.: CAD model for threshold and subthreshold con-
        duction in MOSFETs. IEEE J. SSC. SC-17 (1982) 454-458.
/8.27/ Divekar, D.A. et al.: A depletion - mode MOSFET model for circuit
        simulation. IEEE Trans. CAD-3 (1984) 80-87.
/8.28/ Dokos, D.: An N - well CMOS device model for SPICE simulation.
        Proc. 1982 Custom Integr. Circuits Conf. New York 1982, S.211-214.
/8.29/ Oakley, R.E. et al.: CASMOS - an accurate MOS model with geometry -
        dependent parameters. IEE Proc. I (GB) 128 (1981) 239-247.
/8.30/ Ping Yang et al.: SPICE modeling for small geometry MOSFET circuits.
        IEEE Trans. CAD-1 (1982) 169-182.
/8.31/ Haskard, M.R.: A simple method for determining SPICE MOS transistor
        model static parameters.
        J. Electr. Electron. Eng. Aust. 3 (1983) 232-233.
/8.32/ Ward, D.E. et al.: Optimized extraction of MOS model parameters.
        IEEE Trans. CAD-1 (1982) 163-168.
/8.33/ Hartranft, M.D. et al.: An improved methodology for circuit design
        device model parameter determination.
        Proc. 1982 Custom Integr. Circuits Conf. New York 1982, S.205-210.
/8.34/ Cassard, J.M.: The sensitivity of SPICE simulation to input parame-
        ter variations. IEEE 1983 Custom Integrated Circuits Conference.
        New York 1983, S.224-228.
/8.35/ Elmasry, M.I.: Interconnection delays in MOSFET VLSI.
        IEEE J. Solid - State Circuits. SC-16 (1981) 585-591.
/8.36/ Sung Mo Kang: A design of CMOS polycells for LSI circuits.
        IEEE Trans. CAS-28 (1981) 838-843.
/8.37/ Nagaraj, K. et al.: Static RAM cell for ternary logic.
        Proc. IEEE 72 (1984) 227-228.

/8.38/   Albicki, A. et al.: Simulation of NMOS flip - flops under
          asynchronous inputs. IEEE 1983 Custom Integrated Circuits Conference
          New York 1983, S. 239-242.

/8.39/   Brown, D.J.: Empirical model for GaAs MESFETs.
          IEE Proc. I (GB) 130 (1983) S.29-32.

/8.40/   Sussman-Fort, S.E. et al.: A complete GaAs MESFET computer model for
          SPICE. IEEE Trans. MTT-32 (1984) 471-473.

/8.41/   Lee, S.J. et al.: Modeling of backgating effects on GaAs digital
          integrated circuits.
          IEEE J. Solid - State Circuits. SC-19 (1984) 245-250.

/8.42/   Tront, J.G. et al.: A design for multiple-valued logic gates based
          on MESFETs. IEEE Trans. C-28 (1979) S.854-862.

/8.43/   Vogelsang, C.H. et al.: Yield analysis methods for GaAs ICs. IEEE
          GaAs Integr. Circuit Symp. Techn. Digest. New York 1983, S.149-152.

/8.44/   Cheng, H. et al.: Power MOSFET characteristics with modified SPICE
          modeling. Solid - State Electron. (GB). 25 (1982) 1209-1212.

/8.45/   Costa Freire, J. et al.: Modeling of epidrain effects in VMOS power
          transistors for CAD. Europ. Conf. on Electronic Design Automation.
          London 1981, S.39-43.

/8.46/   Minasian, R.A.: Power MOSFET dynamic large-signal model.
          IEE Proc. I (GB) 130 (1983) 73-79.

/8.47/   Kleiner, C.T. et al.: An improved bipolar junction transistor model
          for electrical and radiation effects.
          IEEE Trans. NS-29 (1982) 1569-1579.

/8.48/   Slotboom, J.W. et al.: An efficient quasi 3-dimensional bipolar
          transistor analysis program. Numerical analysis of semiconductor
          devices. Proc. Dublin 1979. ISBN 0 906783 00 3. S.280-289.

/8.49/   Schindel, U.: An extended Gummel-Poon model for an extreme range of
          temperature. IEEE J. Solid - State Circuits. SC-19 (1984) 251-253.

/8.50/   Nielinger, H.: Modellparameter zur Simulation des Schaltverhaltens
          von Diode und Transistor. Elektronik 25 (1976) Nr.1, S.71-73.

/8.51/   Akcasu, O.E. et al.: Overview of device characterization software
          for VLSI bipolar devices. Intern. Electron Devices Meeting. Techn.
          Digest. New York 1982, S.692-695.

/8.52/   Teixeira, P.L.B.: Modeling of bipolar power transistors for CAD.
          Europ. Conf. on Electronic Design Autom. London 1981, S.29-33.

/8.53/   Antognetti, P. et al.: Optimum design of a power transistor inverter
          controlled by PWM technique. Proc. 1st Annual Intern. Motorcon '81
          Conf. Oxnard (CA, USA) 1981, S.180-188.

/8.54/ Antognetti, P. et al.: Modeling and simulation of power transistors in electronic power converters. 4th Europ. Conf. on Electrotechn. - Eurocon ´80. Amsterdam 1980. ISBN 0 444 85481 9. S.367-369.

/8.55/ Goodenough, F.: Bipolar power transistors take their cue from MOS technology. Electron. Des. 32 (1984) Nr.2, S.37-38.

/8.56/ Massobrio, G.: Modeling of a power transistor using CAD. Pixel.Comp. Graphics, CAD/CAM, Image Process. (It.) 4 (1983) Nr.2, S.23-28.

/8.57/ Schwaderer, B.: Modellierung bipolarer Mikrowellentransistoren mit dem Netzwerk - Analyseprogramm SPICE. AEÜ 35 (1981) S.368-372.

/8.58/ Azizi, A.: Simulation of microwave bipolar transistors in class C. Proc. 1981 Europ. Conf. Circuit Theory and Des. Delft . S.581-586.

/8.59/ Friedman, N. et al.: Computer analysis and modeling of injection - coupled synchronous logic (ICSL) gates. IEEE J. Solid - State Circ. SC-15 (1980) 340-345.

/8.60/ Evans, S.A.: High performance I_2L process and device modeling. 1977 Electrochem. Soc. Spring Meet., Princeton 1977, S.594.

/8.61/ De Man, H. et al.: On the simulation of switched capacitor filters and converters using the DIANA program. 5th Europ. Solid State Circ. Conf. - ESSIRC 79. London 1979, S.136-138.

/8.62/ Knob, A. et al.: Analysis of switched - capacitor networks in the frequency domain using continuous-time two-port eqivalents. IEEE Trans. CAS-28 (1981) 947-953.

/8.63/ Gillingham, P.: Frequency domain analysis of switched - capacitor networks using analog two-port equivalents. Mitt. AGEN (Schweiz) 1981, Nr.32, S.17-24.

/8.64/ Fischer, J.H.: Noise sources and calculation techniques for switched capacitor filters. IEEE J. Solid-State Circ.. SC-17 (1982) 742-752.

/8.65/ Nelin, B.D.: Analysis of switched - capacity networks using general-purpose circuit simulation programs. IEEE Trans. CAS-30 (1983) 43-48.

/8.66/ Sheu, B.J. et al.: Modeling the switch-induced error voltage on a switched - capacitor. IEEE Trans. CAS-30 (1983) 911-913.

/8.67/ Toker, J.R. et al.: Fabrication and characterization of E-beam defined MOSFETs with sub-micrometer gate lengths. Intern. Electron Devices Meeting 1980. Techn. Digest. New York 1980, S.768-771.

/8.68/ Tront, J.G. et al.: Computer - aided analysis of RFI effects in operational amplifiers. IEEE Trans. EMC-21 (1979) 297-306.

/8.69/   Antoniazzi, P. et al.: Dynamic distortion - transient intermodula-
         tion distortion (TIM) in monolithic audio amplifiers.
         Elettron. Oggi (It.) (1980) Nr.10, S.169-180.

/8.70/   Gamand, P. et al.: Large - signal capabilities and analysis of dis-
         tributed amplifiers. Electron. Lett. 20 (1984) 317-319.

/8.71/   Kerns, D.V., Jr.: An integrated circuit current source with a low
         temperature coefficient. Int. J. Electron. (GB) 46 (1979) 445-448.

/8.72/   Lin, H.C. et al.: Frequency scaling for computer - aided Fourier
         analysis of mixer diode operation. 1980 IEEE MTT-S Intern. Microw.
         Symp. Digest. New York 1980, S.398-400.

/8.73/   Antognetti, P. et al.: Computer aided analysis of power electronic
         circuits containing thyristors. 1979 Intern. Conf. CAD and Manuf. of
         Electron. Compon., Circ. and Syst.. London 1979, S.141-144.

/8.74/   Losic, N.A. et al.: A thyristor model for computer - aided power
         electronics circuit design.
         IEEE 1982 IECON Proc.. New York 1982, S.39-44.

/8.75/   Bello, V.: Computer program adds SPICE to switching - regulator
         analysis. Electron. Des. 29 (1981) Nr.5, S.89-95.

/8.76/   Chetty, P.R.K.: Current injected equivalent circuit approach to
         modeling of switching DC-DC converters in discontinuous inductor
         conduction mode. IEEE Trans. IE-29 (1982) 230-234.

/8.77/   Bolognani, S. et al.: Simulation of AC machines by SPICE program.
         Intern. Conf. Electr. Mach.. Bd.3, Athen 1980, S.1858-1865.

/8.78/   Bolognani, S. et al.: Modelling and simulation of induction motors
         by means of a general 3-phase time-invariant equivalent circuit.
         10th IMACS World Congr. on Syst. Simul. and Scient. Computation.
         Bd.3, New Brunswick 1982, S.21-23.

/8.79/   Watkins, J.L. et al.: The effect of solar cell parameter variation
         on array power output. 13th IEEE Photovolt. Spec. Conf. 1978.
         New York 1978, S.1061-1066.

/8.80/   Jacquemin, J.L. et al.: Simulation of the behaviour of a set of
         Cu_2S-CdS unit photocells.
         Sol. Cells. ISSN 0379 6787. 5 (1982) 269-274.

/8.81/   Frodsham, D.G. et al.: CAD of infrared detector preamplifiers having
         switched feedback resistors.
         Proc. SPIE Int. Soc. Opt. Eng. (USA). 327 (1982) 186-189.

/8.82/   Kolasinski, W.A. et al.: Single event upset vulnerability of
         selected 4k and 16k CMOS static RAMs.
         IEEE Trans. NS-29 (1982) 2044-2048.

/8.83/ Blice, R.D. et al.: Analysis of the behaviour of integrated Schottky
logic in neutron, total dose and dose rate enviroments.
IEEE Trans. NS-28 (1981) 4366-4375.

/8.84/ McPartland, R.J.: Circuit simulations of alpha-particle - induced
soft errors in MOS dynamic RAMs.
IEEE J. Solid-State Circ. SC-16 (1981) 31-34.

/8.85/ Alvarez, A.R.: SPICE simulation of electronic ignition module.
Proc. Southeastcon '78 Reg.3 Conf.. New York 1978, S.450-453.

/8.86/ Hutchins, H.S.: Design and analysis of poloidal field power systems
for the next TOKAMAK. Proc. 8th Symp. Eng. Probl. Fusion Res..
Pt.III. New York 1980, S.1247-1251.

/8.87/ Lieurance, D.W. et al.: Proposed EBT-P quench detection technique in
a magnetically noisy environment.
Nucl. Technol./Fusion (USA) 4 (1983) Nr.2, Teil 2-3, S.1392-1397.

/8.88/ Haskard, M.R.: A short communication - determination of chip and
substrate temperatures.
Electrocompon. Sci. and Technol. (GB) 11 (1983) 35-41.

/8.89/ Zimmer, C.R.: Computer simulation of hybrid integrated circuits
including combined electrical and thermal effects.
Int J. Hybrid Microelectr. (USA) 5 (1982) 27-29.

/8.90/ Mickulecky, D.C.: The use of a circuit simulation program (SPICE 2)
to model the microcirculation. in: Schneck, D.J. (Herausg.):
Biofluid mechanics. Bd.2. New York 1980, S.327-345.

/8.91/ Antognetti,P. et al.: Computer aided evaluation of electronic
circuits reliability. Int. Conf. on CAD and Manuf. of Electron. Com-
pon., Circ. and Syst..London 1979, S.97-99.

/8.92/ Inohira, S. et al.: A statistical modeling for circuit simulation in
LSI circuit. Trans. Inst. Electron. and Commun. Eng. Jpn. Teil C.
J66C (1983) 1108-1115.

/8.93/ McCabe, S.: Automatic verification of custom IC layouts.
Southcon'83. Electr. Show and Convent.. El Segundo 1983, S.22/1/1-4.

/8.94/ Chua, L.O. et al.: Nonlinear optimization with constraints: A cook-
book approach.
Int. J. Circuit Theory and Appl. (GB). 11 (1983) 141-159.

/8.95/ Al - Hussein, H.K. et al.: Path delay computation for integrated
systems.
IEEE Intern. Conf. on Circ. and Comput..New York 1982, S.426-430.

/8.96/   Burns, J.L. et al.: Computer-aided prediction of high-frequency per-
          formance limits in silicon bipolar ICs.
          IEEE Circuits and Syst. Mag..(USA). 4 (1982) 19-22.

/8.97/   Lin, H.C. et al.: Modeling a depletion mode MOSFET. Proc. 1979
          Intern. Symp. on Circ. and Syst.. New York 1979, S.778-781.

/8.98/   Oberst, E.F.: Analysis of 3-phase power-supply systems using CAD
          programs. Proc. 7th Symp. on Eng. Probl. of Fusion Res.. New York
          1977, S.494-499.

/8.99/   Hunt, C.E.: A system for automated testing of MOS process, circuit
          simulation, and performance parameters.
          IEEE Intern. Conf. on CAD. ICCAD-83. Digest of Techn. Papers.
          New York 1983. ISBN 0 8186 0518 9. S.207-208.

/8.100/   Cassard, J.M.: A sensitivity analysis of SPICE parameters using an
          11-stage ring oscillator.
          IEEE J. Solid-State Circuits. SC-19 (1984) 130-135.

/8.101/   Guggenbühl, W. et al.: Simulation of avalanche breakdown in bipolar
          transistors using SPICE.
          Bull. Assoc. Suisse Electr.. 74 (1983) S.224-229.

10 Stichwortverzeichnis

Informationstechnik und Datenverarbeitung

J. Kwiatkowski, B. Arndt

BASIC

Eine Einführung in 10 Lektionen mit zahlreichen Programmbeispielen, 95 Übungsaufgaben und deren vollständigen Lösungen
2., korrigierte Auflage. 1984. 25 Abbildungen. XI, 179 Seiten
Broschiert DM 39,–. ISBN 3-540-13428-X

Inhaltsübersicht: Einführung. – BASIC-Grundelemente. – Ein-und
Ausgabeanweisungen. – Unterprogramme I. – Steueranweisungen.
– Schleifenanweisung. – Felder/Indizierte Variable. – Unterprogramme II. – Zeichenketten (Strings). – Dateien. – Anhang 1:
BASIC-Anweisungen. – Anhang 2: BASIC-Operatoren. – Anhang 3: BASIC-Standardfunktionen. – Anhang 4: Kleines Wörter-
buch für EDV-Fachausdrücke. – Anhang 5: Lösungen der Übungsaufgaben. – Literaturverzeichnis. – Sachverzeichnis.

W. Duus, J. Gulbins

CAD-Systeme

Hardwareaufbau und Einsatz

1983. 41 Abbildungen. IX, 107 Seiten
Broschiert DM 52,–. ISBN 3-540-11759-8

Inhaltsübersicht: Einleitung. – CAD-Systeme. – Der Rechner und
seine Peripherie. – Dialogperipherie. – CAD-Peripherie. – Standar-
disierung im CAD-Bereich. – Einsatzmöglichkeiten für CAD.
– Beispiele typischer CAD-Systeme. – Umfrage bei Herstellern von
CAD-Hardware und Software. – Literaturverzeichnis.

Mikroelektronik – Information – Gesellschaft

Herausgeber: **H. Niemann, D. Seitzer, H. W. Schüßler**
1983. 80 Abbildungen. XI, 213 Seiten
Broschiert DM 52,–. ISBN 3-540-12359-8

Inhaltsübersicht: Technische Möglichkeiten und Grenzen der
Großintegration. – Auswirkungen der Großintegration auf die Industrie. – Auswirkungen der Entwicklungen in der Mikroelektronik
auf die Fertigungstechnik. – Neue Text- und Datenkommunika-
tionsdienste der Deutschen Bundespost auf der Basis neuer Tech-
nologien. – Nutzen und Schaden der elektronischen Datenverarbeitung. – Technischer Fortschritt im Zwielicht – Zur Technologie-
und Innovationspolitik der Gewerkschaften. – Probleme der Infor-
mationsgesellschaft. – Technologie, Politik und Innovation. – Wirt-
schaftsfaktor Mikroelektronik – Nationale und Internationale
Aspekte.

Springer-Verlag
Berlin
Heidelberg
New York
Tokyo

Informationstechnik und Datenverarbeitung

Bildschirmarbeit

Konfliktfelder und Lösungen

Herausgeber: **A. E. Çakir**
1983. 75 zum Teil farbige Abbildungen. XI, 256 Seiten
Broschiert DM 72,–. ISBN 3-540-12626-0

Inhaltsübersicht: Technisierung der Informationsverarbeitung – Gefahr oder Chance? – Technik und Umwelt. – Erfahrungen der Anwender. – Erfahrungen der Sozialpartner. – Normen und Regelungen. – Belastung und Beanspruchung. – Autorenverzeichnis. – Namen- und Sachverzeichnis.

M. M. Botvinnik

Meine neuen Ideen zur Schachprogrammierung

Übersetzt aus dem Russischen von A. Zimmermann
1982. 42 Abbildungen. X, 177 Seiten
Broschiert DM 53,–. ISBN 3-540-11094-1

K. L. Bowles

Pascal für Mikrocomputer

Übersetzt aus dem Englischen von A. Kleine
1982. 107 Abbildungen. IX, 595 Seiten
Broschiert DM 54,–. ISBN 3-540-11391-6

W. Kilian

Personalinformationssysteme in deutschen Großunternehmen

Ausbaustand und Rechtsprobleme

Unter Mitarbeit von T. Heissner, B. Maschmann-Schulz
1982. XV, 352 Seiten
Broschiert DM 44,–. ISBN 3-540-11136-0
(Die Erstausgabe erschien in der Reihe „Informatik Fachberichte, Band 42", 1981)

Springer-Verlag
Berlin
Heidelberg
New York
Tokyo